カンブリア宮殿
村上龍の質問術

村上 龍

日経文芸文庫

はじめに

「カンブリア宮殿」という番組のインタビュアーを引き受けて、これまで、こんなに多くの時間を「質問」に費やしたことはないと何度も実感した。また「質問」の重要性と、むずかしさを、これほど感じた経験もなかった。

どういうわけか、わたしたちは、質問の重要性を意識する機会が乏しいし、そのためのトレーニングも充分に受けていない気がする。小学校から、大学受験、それに社会人になるための、あるいはなってからのさまざまな試験や資格取得に至るまで、重要なのは「回答」であり、「質問」ではない。「質問」を考えさせ、採点するようなテストをわたしは受けたことがない。

だが、本文中でも指摘しているが、質問は簡単でない。簡単ではないのに、どうしてトレーニングする機会がないのか、考えてみると、とても不思議だ。わたしは、我が国におけるコミュニケーションのあり方にその原因の一端があるのではないかと思う。「言うことを聞け」という、誰もが日常的に使う台詞がある。その台詞は、文言をそのままとらえると「わたしが言っていることを注意深く聞くように」ということだが、実際には、「わたしが言ったことに従え」という言外の意味を含んでいる。つまり、「わたしの意見、指示に従え」という意味の言い回しが、「言うことを聞け」という風に単純化される社会なのだ。

おそらく今でも、一般的な会社内では、部下が上司の言うことに疑問を抱いた場合、「お言葉を返すようですが」「差し出がましいことを言うようですが」というような枕詞が必要なのだろうと思う。質問をしたいときには「失礼ながら、一つだけ伺ってもよろしいでしょうか」というように、許可を得てからでないと「角が立つ」ことも多いのではないか。つまり、小さいころは親や教師、社会に出てからは上司の教えや意見や指示や命令などに対し、疑問を呈したり、質問すること自体が「異例」であり、「上意下達」的なコミュニケーションが基本となっていたのではないだろうか。

だが、現在、さまざまなビジネスシーンで、「質問」の重要性、必要性は増しているように思う。とくに、文化や言語を共有していない海外とのビジネス機会が増える中、あらゆる交渉の場で、「何を聞くか」「どう聞くのか」が、成否を分けることもある。「質問すること」の重要性、必要性が増しているのに、そのためのトレーニングを受ける機会がない、だったら、わたしの「カンブリア宮殿」における体験が何らかの参考になるかも知れない、そういった思いが、本書を作る大きな動機となっている。

二〇一三年九月

村上　龍

目次

実践編3　世界市場へ

実践編4　なぜその人だけが

実践編5　波瀾万丈の物語

実践編6　利益より価値があるもの

想定質問メモの内容は、当時のものです。

編集協力　鍋田郁郎

基本編

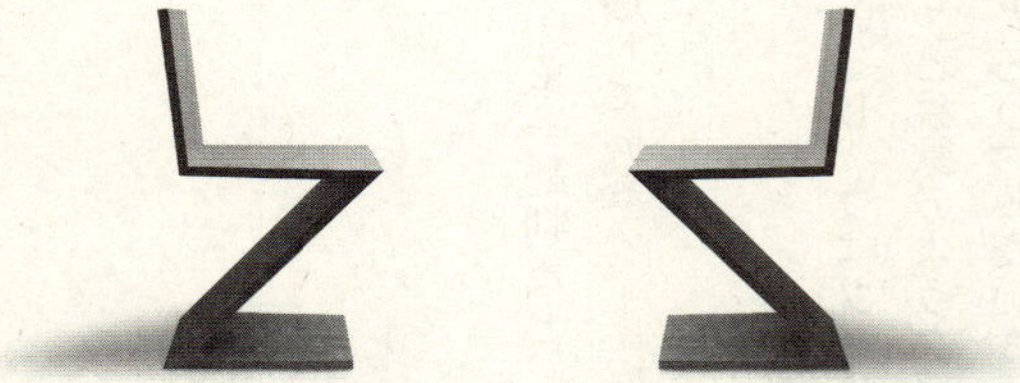

基本編①

時間的なphase、および参考資料の種類と量

phase 1

ゲストが決まり、有名企業の場合、その一般的な印象や評判など、漠然としたイメージを持っている段階。まだ詳細な資料には目を通していない。

＊例：「アマゾン」ジェフ・ベゾス氏

「何度も潰れると噂されたけど、事業は拡大しているし、ウェブサイトは充実し続けているし、商品数も種類も増え続けている。きっと猛獣のような経営者なんだろうな。中心となる経営ポリシーはどんな感じなのだろう」みたいなことをぼんやりと考える段階。

＊例：佐藤可士和氏（本書には未収録）

あまりに有名なアートディレクターだが、以前から、「エッジが効いたアートの部分と、クライアントの要求、つまり『大衆性』のようなものをどうやってバランスさせているのだろう」という興味があった。その疑問を念頭に置き、佐藤氏の著書を読んで、想定質問群を考えた。

phase 2

スタッフから資料が送付されてくる。読み込むものと、さっと目を通すものに分類する。たとえばサイゼリヤの場合、飲食業界の動向、ファストフード店の現状など、「業界全体」に関する資料は、後回し。ゲスト経営者のインタビューや、経営論などの著書、自伝、ブログなどがもっとも参考になる。資料すべてに目を通した段階で、番組全体の核となりうるような質問を考える。

＊例：「ファーストリテイリング」柳井正氏

著書の『一勝九敗』（新潮社）というタイトル、内容が印象的で、「一〇回の挑戦で、九回は失敗してもいい」という考え方に注目。「それでも、絶対に失敗できないという挑戦があったはず、それはどんなときだったのか」を、番組全体の核にすることを決める。絶対に失敗できなかった事業展開を紹介するために、ユニクロの大まかな歴史を示す年表を用意することをスタッフに伝える。

「想定質問」を作成して、すべての関係スタッフに送付。また、ゲストの社史や個人史、年表などの図表、企業の特徴や特質、注目すべき経営ポリシーなどをわかりやすく紹介するフリップのアイデアなども送付する。当然、番組全体の構成を考慮し、質問を組み立てていく過程では、この「資料」によるインプットの段階が、もっとも重要。

phase 3

収録前日のスタッフミーティング。前もって送付した「想定質問」を組み入れた「台本」を見ながら、番組に挿入されるＶＴＲを見て、新しく気づいたことを、台本に書き入れ、スタッフにも伝える。この段階で、必要なフリップや図表に気づくこともある。

phase 4

収録当日、本番直前の、小池栄子さんも交えたMCミーティング。小池さんが、視聴者目線、女性目線の質問を考案することが多い。また、村上の台詞というか質問を、小池さんに託すことも多い。この直前のミーティング後に、新たな質問が生まれることもある。その場合、台本にメモ書きとして書き込む。

phase 5

収録中に、重要な質問が浮かぶことはよくある。台本や想定質問に書き込んでおいて、タイミングを見てゲストに聞く。あるいは、思いついたそのときにとっさに聞いてしまう。

＊例：「ヤマダ電機」山田昇氏

これまで「カンブリア宮殿」をやってきて、わたしがもっとも印象に残る質問と答えは、ゲストが「ヤマダ電機」の回の、収録中に生まれた。「ヤマダ電機」は、群馬の「まちの電気屋さん」として出発し、やがて量販店へと成長し、「北関東家電戦争」と呼ばれたコジマとの戦いを制し、最終的に「日本一の家電チェーン」となる。わたしは、おもだった出来事を並べた年表を作るようにスタッフに依頼し、時系列的に質問を組み立てることにした。

核となる一つの質問というより、「何のために、どうやって、巨大化していったのか」という「質問群」で構成しようとしたのだが、それとは別個に、どうしても聞いてみたい質問があった。それは、資料として特別に見せてもらった「社史」の最後に載っていた山田氏の奥様の談話がヒントになった。

「最初の、群馬の小さな店をやっていたころは、幸せな時代でした。ご近所のお客さまと食事をしたり、テレビの修理のお礼にと、お野菜やお赤飯をいただいたり、家族的で、とても幸福な時代でした」

そういったニュアンスのことを奥様は話されていて、とても印象的だったのだ。

収録の最後のほうで、わたしはそのことを聞いた。

「奥様が、そうおっしゃっていますが、本当ですか。小さな電気屋さんのころ、幸福だったのですか？」

すると、山田氏は「その通りです。幸福でした」と答えた。そのとき、とっさに新しい質問を思いつき、すかさず聞いた。

「幸福だったというのは本当なんですね。でも、今、日本最大の家電チェーンを率いているわけで、まちの小さな電気屋さんだったころに戻りたいとは思わないでしょう?」

するど、びっくりするような、意外な答えが返ってきた。「いや、戻りたいです。あのころに戻りたいですね」。山田氏は、そう言ったのだ。わたしは、驚いて「え?本当に戻りたいんですか?」と確かめた。

「はい。戻りたいと思います」

わたしは、ある事実を思い出し、涙がにじみそうになるのを必死で耐えた。山田氏は、最愛の娘さんを事故で亡くされていて、出社されると、必ず一輪、棚にある花瓶に花を挿されるのが日課となっている。そのことを思い出したのだ。わたしたちのやりとりは、経済や経営論を超えていて、文学的ともいえるものだったと思う。山田氏は、まだ娘さんが元気でいて、家族みんなで一生懸命働いていた「まちの小さな電気屋さん」のころに、本当に、戻りたかったのだ。年商一兆円をはるかに超える日本最大の家電チェーンを統率する経営者は、考えてみれば当然のことだが、経営者である前に、家族を愛する父親であり、亡くなった娘さんのことを片時も忘れない人間性の持ち主だったのである。

番組では、娘さんのことはもちろん話せなかった。だが、今でもわたしには、「家電の巨人」の温かな人間性が、強烈な記憶として刻み込まれている。

基本編②

核となる質問の発見

核となる質問は、本質的で、コアな疑問が浮かび上がることによって生まれる。何よりも大切なのは、「好奇心」であり、またある程度の知識も必須だ。たとえば、分子生物学にまったく無知な人は、遺伝や免疫について、専門家への質問を考えるのはとてもむずかしい。同様に、経済や経営にまったく無知だと、経営者への質問は悪い意味で幼稚なものに限られてしまう。

ただ、「カンブリア宮殿」という経済番組の視聴者は、経済・経営に詳しい人だけではないので、「来期の売り上げは業界全体として下がりそうですが、その幅はどのくらいになりそうですか」みたいな質問は、面白くないので除外する。専門的すぎる質問がダメというわけではない。細かな数字、ありきたりの事業予測などは、紹介しても「つまらない」場合が多いということだ。

さらに、ゲストが経営する企業の「特性」「個別性」を考えなければならない。たとえば、売り上げ一兆円、従業員数一万八〇〇〇人というような巨大企業と、売り上げ一二億円、従業員数三八人という小規模な会社では、質問を考える前提が違う。「経営理念を社員に徹底して刷り込んで成功した」というような場合、その対象が五〇人なのか、あるいは一万人なのかで、方法論が違ってくるからだ。また業態による違いも、自覚しなくてはいけない。店舗数一〇〇〇の居酒屋チェーンと、従業員二五人で独自の技術を持つ精密機械メーカーでは、当然経営戦略に違いが出る。

そういったことが前提となるわけだが、何よりも大切なのは、常識にとらわれない「好奇心」だ。要は、「あれ？　なんでこんなことが可能だったんだ？」「これはちょっとおかしいぞ」というような、「王様は裸だ」的な、素朴な疑問に気づくことができるかということだ。

＊例：「富士フイルム」古森重隆氏

「デジカメの圧倒的な普及により、あのコダックも、アグファも、ポラロイドも今はない。富士フイルムを除いて、全部事実上、消滅した」

というのが歴史的事実としてある。そこで、不思議なことに気づく。

「でも、そもそも、どうしてフィルムメーカーは、それほど数が少なかったのか」

ポラロイドを除いたフィルム事業は、世界でも、コニカ、富士、コダック、アグファの四社しかなかった。それはなぜなんだろう？　という視点を加えることで、質問を考えていく。

基本編③

時系列と空間軸の変化を見る

この本に収められているのはほとんどが大企業であり、それなりの歴史を持っている。「日本電産」のように、創業期はまるでバラックに近い工場から出発したところもある。また、「ライフネット生命（本書には未収録）」のように歴史が浅く、新しいビジネスモデルを生み出した新興企業もある。その企業が、創業時からこれまで、どのような歴史を持つのか、転機となったのはいつで、どんな要因なのかなどを見ていく必要がある。

「画期的な商品・サービスの開発」
「流通網の改革と整備」

「社員の意識改革と組織改革」
「市場の拡大・大都市圏や世界への進出」
「不採算事業からの撤退」
「M&Aの活用による業務拡大」

成長していった企業には、その歴史の中に、必ず「転機」がある。「転機」は外部環境の変化によって否応なく訪れることもあるが、ほとんどの企業は、変化に適応、また自ら変化を生み出すことによって、結果的に、そのポイントが「転機」となることが多い。「転機」は、企業を衰退や破滅から救い、基本的に成長させ、大都市圏への、また世界への進出など、空間軸、つまり市場を拡大させる。そして、「転機」となる以前の、実験、試行錯誤、保持する技術と知識の確認と再発見など、かなり長期にわたるそれらの蓄積がなければならない。企業の歴史を概観し、「転機」となったポイント、およびその前段階の「蓄積」を探すことが「質問群の構成」につながっていく。

＊例：「アシックス（本書には未収録）」について鬼塚喜八郎氏の著書などより村上が作成した大まかな「歴史」

●鬼塚喜八郎：鳥取県気高郡明治村大字松上（現在の鳥取市松上）に、農業・坂口伝太郎とかめの三男二女の末子として生まれる。

●一九三六年、鳥取一中を卒業。在学中は陸軍士官学校を目指したが、一中の四年生の盆休みに村の相撲大会でけが。肋膜炎となり、療養生活で士官学校を断念。卒業後一九三九年に徴兵検査を受け、甲種合格。姫路の陸軍第一〇師団輜《し》重兵《ちようへい》・第一〇連隊に配属。のちに甲種幹部候補生試験に合格、見習士官から同期に一年遅れで将校に。

●戦友との約束のもと、鬼塚夫婦と懇意になり、松代大本営守備隊に赴任後、終戦。戦友が戦死し、鬼塚夫婦から請われて、男の約束を果たすとして鬼塚家の養子となる。

●商事会社に勤めるが、ヤミ屋も同然で、愛想を尽かし三年後に辞職。その後、どんな仕事をするか考えていたとき、兵庫県教育委員会の保健体育課長・堀公平から、「青少年がスポーツに打ち込めるようないい靴を作ってほしい」との助言を受ける。その際に、後にアシックスが標榜することになる『健全な精神は健全な肉体に宿る』という言葉を堀から教えられる。

●堀の助けで、兵庫県下の小中学校や警察にズック靴や警ら用靴を納める配給問屋の資格を得て、一九四九年三月に個人事業の「鬼塚商会」を設立。スポーツ用シューズの製造技術は素人であり、仕入れ先に見習いとして雇ってもらい、特訓を受ける。

●一九四九年九月、資本金三〇万円、社員四人で「鬼塚株式会社」を作り、社長に就任。兵庫県バスケットボール協会の理事長で神戸高校バスケットボール部監督の松本幸雄に相談し、バスケットボールシューズの開発を決める。

●選手の動きをよく見ろ、との助言により、ヒマがあるとコートに通い、選手たちから希望を聞いた。

●一九五一年、夏、キュウリの酢の物にあった「タコの足」に目がとまり、吸盤にヒントを得て、全体を吸着盤仕様にした凹型の靴底を考案した。一九五三年に「吸着盤型バスケットボールシューズ」として発売。

●鬼塚なんか知らない、と揶揄される中、シューズを担いで全国の競技大会の会場を営業して歩き、神戸高校バスケットボール部の活躍もあり、次第に売れ行きを伸ばした。

●その後、スポーツシューズのブランドを「虎印」にしようと試みた。虎の商標は他社が持っていたので「ＯＮＩＴＵＫＡ　ＴＩＧＥＲ」印を側面につけ、虎の絵の下にTigerの文字を入れたマークを靴底につけた。
●一九五二年、肺結核に罹《かか》るが、病床から仕事を指示した。
●一九五三年、マラソンシューズの開発を目指し、別府マラソンのゴールで選手たちを待ち受け、足を調べたという。当時のトップ選手や阪大医学部などに助言を仰ぎ、風通しを良くし、着地したときに足と靴底の間にたまった熱い空気が吐き出され、足が地面を離れると冷たい空気が流れ込むという構造のシューズを開発し、特許を得る。
●一九五六年、オニツカタイガーがメルボルンオリンピックの日本選手団用のトレーニングシューズとして正式採用される。
●一九六四年、東京五輪では、オニツカの靴を履いた選手が、体操、レスリング、バレーボール、マラソンなどで金二一個、銀一六個、銅一〇個の、計四七個のメダルを獲得。
●一九六八年、全日本運動用品工業団体連合会を設立。七四年には、社団法人日本スポーツ用品工業協会に改組し、やがて会長に就任。
●オニツカタイガーの靴で散歩するのが趣味で、世界を飛び回る日々の中、神戸の絵画教室で「ひまわりの油絵」を描くことを好んだ。

●経営姿勢は家族主義、スパルタ式。税務問題で教訓を得て、同族企業からの脱却を目指し、一九五九年、創業者の自分の持ち株の七割を全社員に分けた。

●出張先などで、女性用のいいデザインの革靴を見つけるとすぐ買ってきて、「どうしてスポーツシューズにいいデザインを盛り込めないのか」と開発者にハッパを。

●一九七五年、欧州市場に進出。七七年、スポーツ用具メーカー・スポーツウエアメーカーと合併して、社名を「アシックス」に。八五年、神戸のポートアイランドに新本社を建設、スポーツ工学研究所も設置。

ちなみに、このメモを基にした年表は番組では使わなかった。なぜ、このような面倒くさい作業をしたかというと、まず「アシックス」創業者である鬼塚喜八郎に興味を持ったからだった。ユニークで、かつ強烈で、しかも、謙虚で誠実な人物だった。そして、「アシックス」という企業の歩みというか歴史を、平面的な理解ではなく、できれば「文脈」のようなもの、一定のボリュームのある「塊」として、把握しておきたかったからだ。実際に、「アシックス」の歴史を概観していくうちに、ある興味が生まれた。

「それまで靴作りとはまったく縁がなかった鬼塚喜八郎が、なぜ、世界に冠たるシューズメーカーを作り上げることができたのか」

すべてが欠乏していた終戦後、「靴作り」というモチベーションを得たわけだが、なぜ靴だったのか。その問いには、重要なことがいくつも含まれている。終戦後という時代背景、天職とは与えられるものでも見つけるものでもなく「出合うものだ」という事実、才能とは天賦のものではなく執拗な努力を続けられるかどうかに依る、という真実。

企業でも、人でも、あるいは国家でも、事実の蓄積であるその歴史を「文脈」「塊」として把握することは、本質的な疑問、質問を発見するときにとても役に立つ。

次に、時系列を追って構成した質問群のメモの例を示す。

＊例：「日本電産」永守重信氏

●母親の影響：「人の倍働いて成功しないことはない。倍働け」「絶対に楽して儲けたらアカン」「もういっぺんケンカしてこい。証拠を見せろ」
●奥さん見合いのとき：「この人についていったらメシが食えるんじゃないか」。義理の父→「なんか変わった男やけどメシだけは食わせてくれそうだ」
●金持ちの友人の家で「社長になるぞ」。高校一年から株式投資。
●小作農の末っ子で、高校進学も大変だったようだが、子どものころ、高校時代、大学時代、起業してからのことを「苦労」だと思うか。
●ティアックに入って：基本給とボーナスを全部貯金に回して残業代だけで生活すれば、「三五歳で独立資金二〇〇〇万円が貯まる」という戦略を立てる。当時から三協精機製作所（現日本電産サンキョー）の買収と再建まで、永守さんにははっきりした目標が常にあり、それは必ず「遠大」「長い道のりと努力を要するもの」であったと思う。それは意識してそうなったのだろうか。
●独立時：「はじめに志ありき」。どういう会社にするのか。
●「競争相手の半分の納期で仕事をします」
●早飯で入社を決める。会場先着順試験、大声試験、「人間の能力の差はせいぜい五倍。でもやる気は一〇〇倍違うことがある。能力があってやる気のない者より、能力はないがやる気のある者を採用したほうがいい」。リーダーは、能力がなくてやる気がある者がもっとも弊害が大きいのではないか。

●二黒土星なので緑色のネクタイ。ゲンを担ぐそうだが、意外な気がするけど。どうして?

●超過密スケジュールで京都見物をさせて、工場を隠す。

●「私は不況が大好き」。サブプライム問題でファンドの活動鈍る。↓チャンス

●そもそもどうして今、日本電産にM&Aが必要なのか。本業を強くするための要素技術を手に入れる。

●夢を形にするのが経営。でも「夢」の前に、大ボラ、中ボラ、小ボラと変化して夢に辿り着く。夢まで行けば現実化は時間の問題。

基本編④

リスペクトとユーモア

本来、この「リスペクト」と「ユーモア」といった類いが、よく「質問術」として紹介されることが多い。おもに定番的なもので、相手をリラックスさせ、場を和ませて、会話を円滑にする。「カンブリア宮殿」では、大企業の経営者であっても緊張されていることが多多あり、そんな場合、「スタジオは暑くないですか」「よくこういったテレビ番組に出られるんですか」みたいなことを最初に聞くことにしている。

「睡眠時間は？」

「スポーツはされますか」

というような「定番」にはじまり、経営者の資産や雇用戦略なども、以下のように、ちょっとひねったニュアンスで聞く。

「資産がイージス艦三隻分あるそうですが、使い切れないですよね（楽天の三木谷浩史氏、本書には未収録）」
「理系の女子大生をよく採用されるそうですが、女子大生が好きってわけじゃないですよね（ヱビナ電化工業の故・海老名信緒氏、本書には未収録）」

たいていは場が和み、リラックスが生まれるものだが、例外もあった。ゲストに対し、そのことがトピックスになっているときを除いて、年収についてはあまり聞かないが、海外旅行の飛行機の座席が、ファーストか、ビジネスか、それともエコノミーかと聞くことはたまにある。大企業の場合、当然ファーストクラスが一般的だが、ポリシーとして、ファーストには乗らないという人もいる。サイゼリヤの正垣さんが、新幹線はグリーン車ではなく自由席だというインタビュー記事を読んで、そのことを聞いた。

村上　新幹線の移動もグリーン車じゃないらしいですね。自由席だと聞きました。
正垣　何かそれが問題なんですか。現場で働いてる人たちのことを考えると、会社の本部なんて何もやっていないわけです。だからそういうところに別に無駄なお金を使う必要もないし、そこに使うなら、店舗の人たちに使ったり、お客さんに安く出したほうがいいんじゃないかと。

村上　飛行機もエコノミーなんですって？

正垣　全然問題じゃない。

大げさに言うと、殺気をはらんだ緊張が生まれるような、そんな雰囲気になってしまった。なぜそこまでムキになるのだろうと、わたしは驚いたが、正垣氏は、決してムキになったわけではなかった。物理学科出身の超合理主義者である「ファストフードの雄」は、なぜ飛行機のクラスや新幹線の座席を問題にするのか、おそらく本当にわからなかったのだと思う。率直で、徹底した人なんだなと思い知らされ、正垣氏の重要な一面を知った瞬間だった。

次の実践編で、各ゲストごとに、「核となる質問」がどうやって生まれ、実際スタジオでの収録でどういったやりとりになったのか、を見ていくことにする。

実践編1 危機における経営

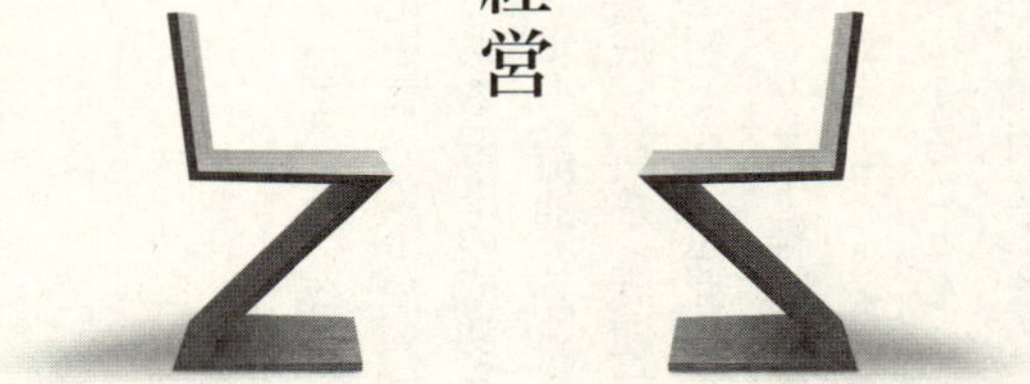

「カンブリア宮殿」で多くの経営者と会ってつくづく思うのは、経営とは、「危機への対応に尽きる」ということだ。危機の連続への対応と言ってもいい。創業時は資金難で倒れそうになり、主力商品・サービスの開発で、ある程度の成功を収め市場に足がかりを築いたあとでも、「事業や店舗拡大規模の設定」「流通と品質管理」「新しい人材の確保」「企業理念の正統的な浸透」「慢心への警戒」など、課題は山積みだ。

逆に言えば、どうやって成功を続けたのかということより、連続して起こる危機をいかに回避してきたかということのほうが、その企業、ゲスト経営者の本質をより明らかにする。資本主義社会の企業において、最大で、かつもっとも一般的な危機は、商品・サービスの売り上げが何らかの理由で急激に減少することだ。赤字になると株価は下がり、経営は傾き、効果的な対策を講じなければ潰れてしまう。売り上げが急激に減少する要因はいろいろあるが、「商品・サービスが陳腐化した」という内部要因がもっとも多い。成功体験が大きく、また長ければ長いほど、「商品・サービスの陳腐化」に気づかず、多くの企業が挫折する。

良い例は、いくつかの携帯ビジネスである。代表は、「着メロ」だろう。「着メロ」はおいしいビジネスで、数十社が参入し、それなりの利益を得てきた。解約するのが面倒で月四〇〇円ほどの会員料を払い続ける「幽霊会員」の存在が大きく、多くの会社は危機に気づかなかったし、気づいたとしても、あまりにおいしい商売だったために他のビジネスモデルを開拓するのが遅れた。そしてスマートフォンの登場で着メロはあっという間に「過去」となり、「ドワンゴ」など数少ない例外を除いて、ほとんどが倒産したか、倒産の瀬戸際にある。

二〇〇八年のリーマンショックは、ほとんどすべての企業にとって、「商品の陳腐化」などとは別の、まるで自然の大災害のような「恐ろしい危機」だった。おもに北米市場、とくに金融や高級消費財が、まともに大きな被害を被った。自動車は、その最たるものだったかもしれない。

核となる質問

日産自動車社長兼CEO カルロス・ゴーン

「どうして派遣や期間工の人たちを首にしないといけないんですか、かわいそうじゃないですか」

〈会社プロフィール〉

日産自動車は一九三三年、前身の自動車製造株式会社として誕生。トヨタと並んで日本の自動車産業の礎を築いたが、九二年には赤字に転落。その後七年間で実に六回もの赤字、二兆円を超える負債も抱えていた。そして九九年三月、日産はフランスのルノーと資本提携。ルノーから再建役として送り込まれてきたのがカルロス・ゴーンだった。

ゴーンは一兆円超のコスト削減を図る、徹底したリストラを行った。一年後、日産は黒字化を達成。攻めに転じたゴーンは次々と新車を発表した。二〇〇四年度には過去最高益を達成、日産を完全に蘇らせた。
ゴーンは新たな公約を掲げる。それは排気ガスゼロ、二酸化炭素ゼロのゼロ・エミッション車でリーダーになること。カギを握る電気自動車は実用段階に入った。

収録は、リーマンショックのすぐあとに行われた。そのころ日産が新しく市場に出そうとしていた電気自動車（リーフ）の紹介を兼ねていたわけだが、当然、わたしとスタッフの関心は、おもに世界的不況におけるゴーン氏の経営にあった。当時は、「派遣切り」や「派遣村」という言葉が流行語になるほど、自動車メーカーなどの「雇用切り捨て」がトピックスになっていた。
質問の核は、当然「自動車メーカーにとって派遣切りは必要なのか」というものだったが、話題をその一つに絞るわけにもいかず、収録の最後のほうで、小池栄子さんに聞いてもらうことにした。

小池栄子「どうして派遣や期間工の人たちを首にしないといけないんですか、かわいそうじゃないですか」

どのような質問をするかとともに、どういう風に聞くか、ということも当然重要だ。もっとも核となる質問を、小池栄子さんに委ねたのは、視聴者代表としての彼女のポジションからだが、他に、もう一つ、大きな理由があった。小池栄子さんからの質問なので、当然、ゴーン氏は、小池栄子さんに対して回答しなければならない。つまり、より平易な言葉で、わかりやすく答える必要があり、それが狙いだった。実際の質問は、もう少し柔らかな表現となったが、それにしても、ゴーン氏の回答は、わかりやすく、シンプルで、説得力があるものだった。

【想定質問メモ】　日産自動車　カルロス・ゴーン氏

●EV（電気自動車）：工場閉鎖、系列の破壊、人員整理。それに研究開発費も削り、コストカッターと呼ばれたが、電気自動車の開発は続けた。単にコストをカットするのではなく、資金と人員と施設、つまり企業資産をどう配分するかが経営者の才能では？

●電気自動車の開発を中止しなかったのはなぜ？

●電気自動車の開発エンジニアが、ゴーンさんは車のことがよくわかっていると言っていた。
●アメリカ政府はGM他ビッグスリーを救済するべきか。
●日産はビッグスリー救済に対して何か貢献できるか。
●ビッグスリーの危機の原因は、経営姿勢&労使関係か。それとも金融危機か。日本の自動車産業の場合は世界的需要減少&円高？
●一般的な日本人は（政治家や官僚を含めて）円高の損失を理解しにくい。村上は、現在原作が三本映画化されようとしていて、先日もウン万ドルの送金があったが、八九円換算で、額が少なくてびっくりした。
●アメリカは、アパラチア山脈とロッキー山脈以外、だだっ広くて道がまっすぐ。ハンドルを切るのは車庫入れくらいだけど、車庫もでかい。油も安かった。燃費、走行性能、安定性、要は走る、止まる、曲がるという三要素が低い性能でもOK。
●アメリカ型の「モジュラー型（同じシャーシの上に違う車体を載せて新車として売る）」生産は一時期成功してピックアップトラックなどを売りまくったが、オイル高で惨敗した。

●村上が試乗した電気自動車にオバマを乗せたら、ビッグスリーの再建をあきらめるかも。電池の開発で、日本はどのくらい先にいるのか。
●ゴーンさんの年収は？
●ＪＡＬの社長が年収一〇〇〇万以下で、バスで通勤し社員食堂で食事をしているのがＣＮＮで放映されて、アメリカで称賛されたが、どう思うか。
●旧リーマンの元ＣＥＯファルドの昨年度のボーナスが約二〇億というのは、「株主主体」の経営だから。日本の経営者の年収が比較的低いのは「従業員主体」だから、ではないのか。
●経営者は、各ステークホルダー、株主（債権者）、顧客、従業員、仕入れ・得意先、関連会社、地域社会のいずれを重視するべきか。
●解雇された労働者のデモで、企業は社会的責任を果たせ、という横断幕があった。企業の社会的責任とは何か。
●日本では、オイル高の前からなぜ車が売れなくなったのか。なぜ日本の若者は車に興味を失ったのか。車離れは世界的傾向か。環境への配慮、洗練（若者の老人化）、若者の貧困化。
●円がさらに上がると、生産拠点を海外に移すべきか。

●デトロイトのモーターショーになぜ出品しなかったのか。
●今回の経済危機は、どのくらい続くか。
●今回の経済危機で、サバイバルできるのはどんな企業？
●世界経済に対して日本ができるコミットメントとは？
●日本も欧州並みの政府支援が必要なのか。

【実際の収録からの抜粋】

「核となる質問」とゴーン氏の答え

小池　二〇〇八年から自動車会社の人員削減が問題になっています。やはり辞めてもらうしか方法がないという感じなのでしょうか。
ゴーン　人を採用したら、教育研修をして、ファミリーの一員になってもらいます。工場であれ本社であれ、そこに絆ができるんです。人員削減をすると、そういったすべてが無駄になります。能力も時間も無駄になるんです。ですから人員削減というのは、他に選択の余地がないときだけにやるものです。もし危機が短期的で終わるというのであれば、社員を確保したまま教育研修を施すと思います。ただ今の危機は長きにわたりそうなんです。そうなると日産も他のメーカーも対策を講じなければなりません。本当にもったいないことだと思います。

村上 去年、契約を打ち切られた派遣の人たちがデモをしているとき、幕には「企業は社会的責任を果たせ」と書いてあったのですが、どう思われますか。

ゴーン 自分が解雇されて失業したら、不満を持ちますよね。人間として当たり前のことです。それはよくわかります。デモをして不満を表明するのは当然です。フランスでもアメリカでも同様です。すでに会社の一員として一生懸命働いている人たちに対して「もう必要ない」なんて言うのは残酷なことですよね。会社にとってももっとも厳しい決断です。選択の余地があれば、絶対に人員削減なんてしません。また人員を削減するというとみんなが抵抗するのも当然なんです。ただそのままにしておくということは、会社が生き残るためにやるべきことをしていないということなんです。これもできない、これも難しいからやめようというのでは、会社が破綻します。そのことを無視してはいけないと思います。

「核となる質問」に関連する質問とゴーン氏の答え

村上 アメリカ政府はビッグスリーを救済するべきなんでしょうか。

ゴーン　そうなると思いますし、個人的には救済するべきだと思います。自動車業界、自動車メーカーというのは国家にとって重要な組織です。自動車メーカーは多くの雇用を抱え、多くの投資をしています。しかも自動車産業というのはその裾野が広いんです。サプライヤーも販売会社もたくさんあります。ですから自動車メーカーを破産させるということは、国家の労働人口に大きな影響を与えるということなんです。そんなことになるのは一国民として、私は好みません。自動車というのは、アメリカ、フランス、ドイツでは労働者人口の一〇％を占め、日本ではそれ以上ではないでしょうか。それだけ国家にとって重要なんです。あまりにも重要なので、どうでもいい、市場に任せればいいというわけにはいきません。もちろんそれぞれが計画を備え、納税者が納得するようにしなければならないという条件つきですが。

「時系列と空間軸の変化」に注目した質問とゴーン氏の答え 1

村上 ゴーンさんが日産のリバイバルプランを発表された当時は、コストカッターだとか、日本的なしがらみを切るとか言われて大騒ぎになりましたが、その後、同じようなことをやって業績を好転させた企業がたくさんありました。今となってはオーソドックスな方法だったんだなと思えます。

ゴーン トラブルに見舞われている会社の社長になったときは、あまり肯定的なコメントが出ることは期待できません。最初からわかっていました。きっとプラスのことは言ってくれない、良くても懐疑的な見方をされるぐらいだろうと思っていました。それ以上は望むべくもありません。ただ私には問題解決が期待されていました。社長に就任すると、やはり結果を出さなければなりません。そのためには、ともに仕事をする人が、永きにわたって一緒に仕事をするという前提がなければなりません。つまり、社員のモチベーションも維持しなければなりません。これが課題であり挑戦でした。結果を出すことで、周りの人たちの意見も変わっていきました。一年だけではなく、継続的に結果を出し続けて会社が拡大して、ブランドに対して、そして商品についても誇りを持てるようになった。私にとってもやりがいがありました。今は対外的な要素によって危機的な状況が起こっているわけですが、こういう場合も社長は、人々が不満に陥るということを理解しなければなりません。そして何らかの形で、そこに社長も参画しなければならないんです。たとえば、〝円高のせいだ〟とか〝金融危機のせいだ〟などと言ってはいけないんです。自分自身も参画しているという意識がなければなりません。

「時系列と空間軸の変化」に注目した質問とゴーン氏の答え2

村上　ゴーンさんといえばあらゆるコストをカットしたような印象もあったのですが、電気自動車の研究開発費は極力削らなかったそうですね。

ゴーン　いくつかのコストは削減しました。ただ、コスト削減というのは利益を出すためにやるわけではないです。投資のために節約をするんです。たとえば無駄を省いて、そのお金を使って技術や新商品への投資に回すのであり、原価低減というのは目標がなければうまくいきません。目的があればみんな納得します。

「リスペクト&ユーモア」とゴーン氏の答え1

村上　食事はいつも、プライベートで?

ゴーン　状況によりますね。通常はワーキングディナーという会食もあります。たとえば同僚、社員との会食もあるし、サプライヤー相手の会食、あるいは社外の人との会食もあります。それ以外で私が一人で食べるときは、本当にある意味で贅沢みたいなものです。なかなかないですからね、そんなときは。家で一人で食事をして好きなことができるということですから。

村上　たとえば僕がゴーンさんに「ご飯食べましょう」と言うとしたら、どのくらい前に言えばいいですか？

ゴーン　村上さんであれば特別ですよ。できるだけ早くということで。

「リスペクト&ユーモア」とゴーン氏の答え２

小池　子どものころから車が好きだったんですか。

ゴーン　大好きでした。運転もよくしますよ。一番最近生まれた赤ちゃんはGT-Rです。パリでGT-Rに乗っていると、欧州では発売していませんから、多くの友達がやってきてGT-Rを運転したいと言うんですよ。フェアレディZやGT-Rには独自性があって、こういう車を見ていると笑顔が出ますよね。

村上　電気自動車を僕が運転したあと、ゴーンさんが運転して僕が助手席に座ったんだけど、運転がすごいんですよ。キーッと曲がっていく。スピードが好きですよね。

ゴーン　でもあれは私のスキルを見せたかったのではなく、車両の性能を見せたかったんですよ。あれが電気自動車のすごいところで、独自性があるんです。

核となる質問

富士フイルムホールディングス会長兼CEO　古森重隆《こもりしげたか》

「コダックは潰れたのに、どうして富士フイルムはサバイバルできたのか」

〈会社プロフィール〉

一九三四年、国産の写真フィルムを作るために設立された富士写真フイルム。写真フィルムの世界市場で米コダックとトップ争いを繰り広げてきた。だがデジタルカメラの普及で写真フィルムの生産量はこの一〇年でピークの二〇分の一以下に。利益の三分の二を稼いでいた屋台骨を失った。だがその一〇年で、会社の事業構造を変えたのが古森重隆。社長就任時に一兆四〇〇〇億円だった売り上げは今、二兆円を超えた。

写真フィルムで培った技術を応用し、医療や化粧品など新分野を次々と開拓。今ではメディカル・ライフサイエンス事業の売り上げだけで、三〇〇〇億円を超えた。会社の事業構成をまさに一変させたのだ。

経営とは連続する危機への対応であり、その企業がどのような危機を迎え、どのようにサバイバルしたかが、「カンブリア宮殿」という番組の基本となっている。危機的状況は、世界的不況のような外部要因と、新商品の開発の遅れのような内部要因、そしてその両者が重なることによって生まれる。

富士フイルムの場合、核となる質問は、資料を読んですぐに見つかった。

「コダックは潰れたのに、どうして富士フイルムはサバイバルできたのか」

富士フイルムの資料を読んで、どうしてフィルムメーカーが世界に四社しか存在しなかったのかがわかった。カラーフィルムというのは、ベースフィルムの上に一〇〇種類以上の化合物を含む約二〇層の乳剤を塗布するが、各層の機能をコントロールすることが非常にむずかしく、市場への新規参入がほぼ不可能だったのだ。富士フイルムは、富士山麓の小さな村で創業するが、最初はセルロイドメーカーの一部門であり、国内でも、より事業規模が大きい「コニカ」の後発だったし、世界には「コダック」という巨人が君臨し、欧州には「アグファア・ゲバルト」があった。「後発の企業」としての出発だったのだ。「後発の企業」というのは、もちろんネガティブな要素だが、常に挑戦者としての意識を持ち続けることができれば、それは力となる。実際、富士フイルムは、創業後まもなくアメリカに進出し、以来「巨人コダック」に挑戦し続ける。「このままではいけない、今のままでは巨大な競争相手に勝てない、どうすれば勝てるか」

挑戦者は、そういった「危機意識」を持たなければ戦えないが、勝ち続けてきた偉大なチャンピオンには「慢心」が生まれやすい。徹底した挑戦の果てに、富士フイルムはついに、二〇〇一年に世界市場においてコダックを超える。二〇〇二年に発表された富士フイルムに関する本には次のような記述がある。

「フィルム需要に陰りはない。世界中で五億台のカメラが稼働し、新興国のフィルム需要も伸びるので、逆にフィルム需要は拡大する」

だが、そのあと状況は一変する。わずか数年でデジカメは新興国も含めて爆発的に普及し、フィルムカメラはあっという間に駆逐されていく。

「もし自動車が売れなくなったとしたらトヨタはどうなるだろうか」

社長の古森氏は、そう述懐している。二〇〇三年、コニカがミノルタと合併するが三年後にフィルム・カメラ事業から撤退し、二〇一二年にはコダックが破産する。富士フィルムはどうやってサバイバルできたのか。質問は、その一点に集中することになった。

【想定質問メモ】　富士フイルム　古森重隆氏

●コダックは潰れたのに、どうして富士フイルムはサバイバルできたのか。その問いとその答えに、他業種、他業態でも、普遍的に学ぶべきことが凝縮されている。

●キーワードは危機感と謙虚さ、それに永遠のチャレンジャー。

●今はすごすぎてわかりづらいが、最初から、コニカ（最初のカラーフィルムメーカー）より後発だったし、そのあとは巨人コダックがいて、貿易問題で訴えられたりして、ずっとチャレンジャーだった。チャレンジャーには、謙虚さと、危機感がある。

序章：

●「もし自動車が売れなくなったとしたらトヨタはどうなるだろうか。我々が、イメージングカンパニーでないとしたら、いったい我々は何なのだろうか」古森氏。

●第二の創業：意識改革、組織改革は、伝統と企業文化の中に、その萌芽、要素が含まれていないとむずかしい。変化を受け入れるには大変なエネルギーと、変化しなければサバイバルできないという危機感と、変化により過去に利益を得たという「経験」などが必要。コダックとの紛争？　早期のアメリカ進出？　デジタル化？

●創造creationも、革新innovationも、発明inventionも、すべて組み合わせ。この世に存在しないもの、その人にないもの、その企業に存在しないものは、組み合わせられない。目的に合った最適の組み合わせを実現するには、「考え抜く」しかない。『アポロ13』の空気循環設備。(※)

※映画『アポロ13』で、アポロ13号がトラブルに見舞われ、パイロット三人が指令船から月着陸船に避難。だが二人乗りの月着陸船の空気清浄機では足りなかったため、ボール紙やビニール袋など、あり合わせのものを使って何とか指令船のフィルターとつなぎ、難を逃れた。

●日本は「組み合わせ」は得意。

●旧満州生まれ。敗戦直後の無政府状態で、多大な苦難。六歳のある日、父親から小型の日本刀を渡され、「自分がいなくなったらお前が母と姉を守れ」「困難があっても勇気を持って立ち向かえ」「サムライの魂を忘れるな」。それが人生の原点。

●そうやって、古森氏の「第二の創業」は始まった。

●フィルム事業は、フィルム面への何層もの乳剤の塗布技術がむずかしく、世界で四社しかなかった。富士、コニカ、コダック、アグファ。

●同業他社との比較

◎二〇〇三年、コニカがミノルタと合併：だが〇六年一月にフィルム・カメラ事業から撤退。

◎ポラロイドは二〇〇一年に破産申請。

◎コダックは二〇一二年に連邦破産法の適用を申請。

◎アグファフォトも事実上、消滅。

●「富士フイルムは化学、物理、工学、エレクトロニクスやメカトロニクス、ソフトウエアをはじめとする、さまざまな技術分野の専門知識を組み合わせることができる。各専門分野の知識や手法を融合させることにより、広範な分野で顧客に革命的なソリューションを提供できる」

●「最大の課題は、社員の考え方をいかに転換させるか。我々は『イメージング＆インフォメーション』だけの事業構成から脱却しようとしているが、何が我々の新たな柱になるか、まだよく見えない。どこに向かっているかがまだ見えないときに、どうすれば富士フイルムのような大組織が大改革を受け入れられるのか。どうすれば社員を起業家精神にあふれた集団にできるのか。また当社の収益性は依然として高いのに、どうすれば社員に危機感を持たせることができるのか」

●どうやって前記を実行し、成功させたのか。

●二〇〇二年の本『富士フイルム　日本型高収益経営の秘密』（日経事業出版社）に「フィルム需要に陰りはない。世界中で五億台のカメラが稼働し、新興国のフィルム需要も伸びるので、逆にフィルム需要は拡大する」とある。そのあと状況は激変した。

●過去の成功。「単体では無借金経営」「バブル崩壊を知らない」「戦後、赤字になったことがない」。一九年連続の一〇〇〇億円以上の経常利益。他にはトヨタ、東京電力、関西電力のみ。

●仕事の成果は、その人の人間力の総和。↑どういう意味？

●ポジティブなスパイラルとは？

歴史：

●一九三四年、富士山の麓にある小さな村で創業。フィルムの国内需要が増えつつあり、大手セルロイドメーカー社長の森田茂吉はチャンスと考える。

●工場を建設し、フィルムと写真用印画紙の製造を開始。

●一九三九年、研究所設立。カラー写真の基礎研究を開始。

●映画用フィルム、35ミリ写真用フィルム、医療用X線フィルムなどを開発・発売。

●一九五八年、アメリカ進出。

●目標をコダックに。

●一九八四年、ロス五輪スポンサーで、アメリカでの市場シェアが一二％に拡大。

◎ロスの空に浮かんだ飛行船に、富士フイルムのロゴ。印象的だった。

●二〇〇一年、売上規模でコダックを超える。

◎以前は革新的な技術開発ではなく、他社の動きを慎重に観察してそれを取り入れる。

◎研究開発姿勢が、革新的なものに変化。
●一九七六年、ASA400の高感度カラーネガフィルム。
●一九八六年、「写ルンです」。
●デジタル技術への進出（八〇年から九九年までにデジタルイメージング製品の研究開発に二〇〇〇億円以上の投資）。
◎デジタルカメラの開発。
●フィルム事業の急速な落ち込み。
■第二の創業（古森氏が行った改革を細かく見ていきたい）
◎新研究所の設立。
◎M&A。
◎組織変更と意識改革（一九九八年の組織図と、二〇〇六年の組織図を比べること）。
◎新事業・高機能&電子材料、医療画像とライフサイエンス・医薬品と化粧品。
●古森氏は、二〇〇三年にCEOに就任。写真フィルム事業ではなく、印刷事業と記録メディア事業などに従事。東大時代はアメフト。柔道のあとで。
●構造改革。一部生産設備の集約、ラボや販売網の再編、五〇〇〇人の社員削減。

費用は二〇〇〇億円以上。

●我々がイメージングカンパニーではないとしたら、我々は何者なのか。

●かつての新製品は、既存の事業から自然に分化する形で生まれた。研究所は、保有している技術を新規分野に応用することに主眼を置いて研究を。産業材料部は、その研究から生まれた新しいアイデアを事業へと育てるインキュベーターの役割を。

●新研究所の設立。研究者一〇〇〇人！　とても研究所には見えない。

●設立に四六〇億円を投資。新規性のある技術と市場にスポットを当てた基礎研究を目指す。

●M&A予算に一〇〇〇億円。

●組織の変更と意識の改革。

◎感光材料をコア事業にして、比較的温暖な気候環境に慣れてしまった企業体質が変化への適応を妨げている。

●長期ロードマップ。

◎高機能材料、医療画像。

◎ライフサイエンス、グラフィックアーツ、ドキュメント、デジタルイメージング、カメラ付き携帯電話用レンズモジュールのような光学デバイス。

●高機能材料。

◎フラットパネルディスプレイ(FPD)材料。写真用フィルムは、トリアセテートセルロース(TAC)という透明なフィルムの上に、何層にも乳剤を塗布して作る。高い透明性と光をまっすぐに通す特徴をもつ「フジタック」を均一な厚みで大量生産することに成功。FPDの偏光板に使用される。

◎電子材料。

◎インクジェット用材料。

●ライフサイエンス。

◎カラーフィルムのベース上には、二〇ミクロンほどの厚みの中に、約二〇もの乳剤(コラーゲン溶液)の層が塗布されている。その中の任意の化合物を目的の場所で反応させる技術は、たとえば、化粧品や医薬品の有効成分の吸収・浸透を促すために有効だった。

●メジャー企業なのに、努力していることを感じさせない。すごすぎて、他企業の参考にはならないかも。参考になると思うところがあるか。

【実際の収録からの抜粋】

「核となる質問」につなげていくための質問と古森氏の答え

村上　優良企業であり続けた富士フイルムにおいて、古森さんはどういう覚悟で構造改革を断行されたのでしょうか。

古森　カラーフィルムは、二〇〇〇年をピークに減少の一途をたどりました。当時カラーフィルムや印画紙などの写真事業は会社の利益の七割を占めていたのに、その売り上げが毎年二〇％、三〇％と減っていくのですから、富士フイルムの本業が急速に縮小していったわけです。経営者としては圧倒的な危機感がありました。今ここでドラスティックな改革をやらなければ会社の将来はないと強く思いました。

〇四年に新しい中期経営計画を策定し、三つの戦略を打ち出しました。一つ目は写真事業の構造改革です。写真関係の製造設備や研究開発組織、世界中にある現像所や販売組織などを縮小し、膨大な固定費を削減しました。二つ目は、新しい産業の創出と育成です。ただ生き残らせるのではなく、技術的に進んだリーディングカンパニーとして存続させるため、既存の成長事業の育成と新規事業の創出というアプローチで成長戦略を描きました。そして三つ目は、連結経営の強化です。連結経営を強化し、富士フイルム、富士ゼロックス、フジノンという事業会社がそれぞれシナジーを出すことで、グループ全体として強くなると考えました。

やはりその中で一番大事なのは、次の新しい成長をどういう事業でやっていくかという経営の読みですね。新しい事業を展開するといっても、当社の技術が通用しないところだとか、全く縁がない市場でいくらやったって駄目なんです。当社には、写真で培った化学や物理、機械、電気、ソフトウェアなどさまざまな技術がある。これらの技術を棚卸しし、整理しました。そうして出てきた技術がどのような分野で活かせて、勝負できるかを徹底的に考えました。当社の技術を縦軸にして、横軸にはその技術が使えそうな市場を置く。それを見て、どこならやれそうか、勝負になりそうかというのを、一年以上考えました。そうして、自社技術を進化させて、新しい市場に挑戦していく商品が出てきた。医薬品や化粧品、サプリメントや半導体用材料などです。たとえば当社には写真フィルム事業で培った化学合成や解析の技術があり、医薬品や化粧品分野においに活かすことができるはずだと考えました。さらに、二〇〇〇年に私が社長に就任してから、M&Aに約七〇〇〇億円、液晶材料を中心に設備投資に二兆円、研究開発に二兆円を投資しました。これからの時代は、変化がドラスティックであるため、小手先の改革ではすまない。改革は、素早く大胆にやることが大事だと考えています。

村上　でも、改革を実行するときには何が将来のコアになるかなんて、わからないですよね。

古森　もちろん写真フィルムみたいに全体利益の三分の二を担うような事業は簡単には見つかりませんし、今の時代、一つの技術だけで課題を解決することは難しい。だからこそ、当社の強みを徹底的に可視化して、どの分野なら勝負ができるかを考え抜いたわけです。

「核となる質問」と古森氏の答え

村上　コダックになくて富士フイルムにあったものって何だったんですか？

古森　そこがポイントですね。

村上　一つはチャレンジャー精神でしょうね。

古森　チャレンジャー精神はあると思います。やっぱり巨大なライバルがいましたからね。そういう意味では当社が七六年に高感度フィルムを開発し、コダックに技術的に追いついたかな、と思います。ただ、マーケットシェアやブランドイメージというのは、やはりコダックは歴史も古いし、もともとナンバーワンですから、アメリカやヨーロッパではまだまだ強い。そういう地域での売り上げやシェアで、いかにコダックに追いついていくかというゲームをやっていました。チャレンジャーとして切磋琢磨したことが刺激になって富士フイルムが発展してきたというのはおっしゃる通りです。

実はもう一つ、うちにあってコダックにない要素があるんです。僕が会社に入った前の年にできた、産業材料部というのがあったんです。写真で我々が持っている技術を他に応用できないか。そういう新しい事業を探そうという産業材料部というのができて、その存在が大きかった。コダックも同じことをある程度やっていたと思います。でも、写真技術を応用した他の分野に出るというのでも、その分野が我々よりもはるかに限定されていました。それだけ写真が全体的に強いから、その王国に安住していたとは言いませんが、結局、新しいことをやるのは最初はすごくお金がかかるんです。

利益率が減るんです。時間がかかるし、すぐにリターンは出てこない。

そうすると経営者は、もうちょっと簡単に利益が短期的に出るほうに向かうきらいがあります。日本企業には長期的な視点で、今は苦しいけど歯をくいしばって、この研究をもう少し続けてみようというところがあります。短期的な経営成績ももちろん大事だが、それをある程度犠牲にしても長期的視野で未来のために投資することを、より考えます。私どももそういうことをやってきて、コダックとは多角化の幅と技術の深さが違っていた。だから写真フィルムの売り上げが減ってきたときに、うちには写真以外の事業があったし、そういうことを考える力があった。コダックの場合はそれが少し限定的だったかもしれませんね。

「核となる質問」から派生した質問と古森氏の答え

村上　古森さんが改革のときにおっしゃった「我々がイメージカンパニーじゃないとしたら、我々は何者なのか？」という問いですけども、今もその答えはありましたね？

古森　自社の技術を活かした事業分野を持つマルチカンパニーでしょうね。そうとしか言いようがないです。当面は六つのコア事業を考えていますけれども、新しいものも出てくるかもしれない。とにかく今は非常に変化が激しいから、世の中のニーズも、どんどん変化してくると思うんです。そのニーズに応える。あるいはニーズを先読みして我々の先進独自の技術で、オンリーワン、ナンバーワンの商品を世の中に提供していくのです。

実践編2

安さと、品質の追求

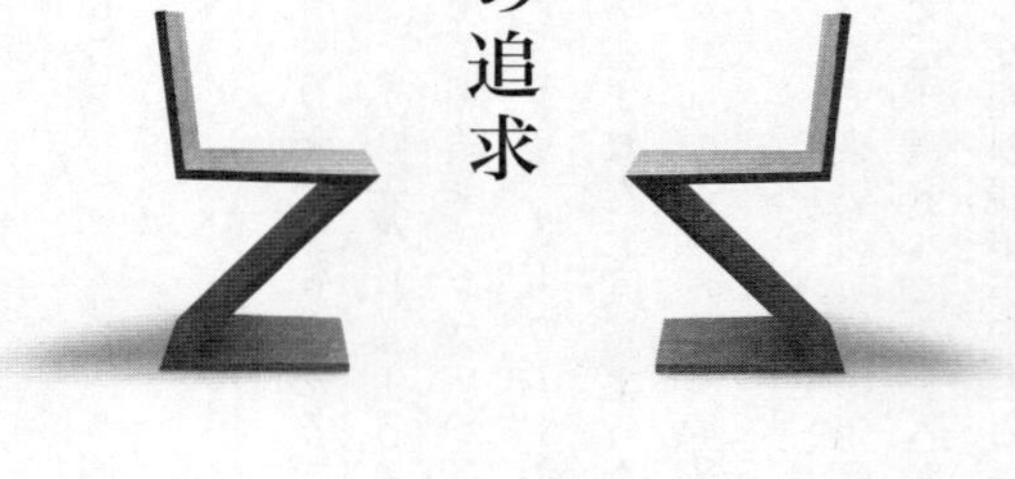

長く続くデフレを象徴するものとして、「激安」という謳い文句がある。ありとあらゆる商品・サービスにおいて、いつの間にか「安さ」が優先されるようになり、その結果、消費者が決定的なパワーを持つようになった。需給ギャップと、「価格コム」などインターネットで情報を得ることによって、あたかも、メーカーや小売りに代わって「価格決定権」を握っているかのような現象が生まれた。同じような品質のものなら、安いほうがいいに決まっている。だが、当たり前のことだが、原価を割って販売すれば赤字になる。

需要が縮小し、供給が過剰になり、安い労働力を求めて東アジアでの生産が当然のこととなり、メーカーもサービス業も、否応なく「安売り競争」に巻き込まれることになって、淘汰される企業が続出した。デフレだから安売り競争が起こるのか、それとも安売り競争が果てしなく続くためにデフレから脱することができないのか、まるで「鶏と卵のジレンマ」だが、「安売りとデフレ」の循環は、すでに長い間、日本経済全体の中に組み込まれてしまっていて、今後「アベノミクス」がある程度機能したとしても、その構造が簡単に変化するとは思えない。

だが、消費者は、労働者でもある。安い賃金で働き、なるべく安いものを買う。賃金が低く抑えられたままなのは実は悲劇的なことで、アンフェアだという指摘さえあるが、さまざまなモノ・サービスが安く買えることで、そのことがわかりづらくなっている。やや乱暴な表現だが、消費者としては王様でも、労働者としては隷属的という、ねじれた構図が生まれているのだ。

そういった状況で、メディアによる経営戦略に対する評価にも混乱が見られる。たとえば低価格に特化し固定費を含めたコスト削減に徹して成功している飲食業に対しては「徹底した激安勝負で一人勝ち」というような賛辞を送ったりする。逆に、安売り競争には参加せず商品・サービスの付加価値で成功している会社に対しては「品質で勝負、安売り戦略はもう古い」などと正反対のキャッチをつくったりする。要は、安売りに徹したほうがいいのか、それとも高品質と付加価値で勝負すべきか、一般的な解はないので、成功している企業の個別戦略を、その都度、あたかも普遍的なものであるかのように伝えてしまうのだ。

「カンブリア宮殿」では、そういった整合性を無視した成功例の紹介をなるべく避けるようにしているが、果てしない安売り競争についての基本的な視点、安売り競争に巻き込まれて潰れてしまう企業と勝利を収める企業の違い、それらを正確にとらえるのは簡単ではない。

「安売り競争に巻き込まれてしまうと企業はダメになるという指摘もある。企業にとって、安売りに賭けなければいけない状況と、賭けるべきではない状況というものがあるのだろうか」

わたしはそういった疑問を持っていたが、自らジェット機を操縦する「アルペン（本書には未収録）」の水野泰三氏から貴重な回答を得た。水野氏は、「わたしの感覚では安売りはやっていない」と答えた。確かに低価格だが、原価割れはしてないし、利益が出る価格です、ということだった。つまり「低価格販売」と「安売り」は意味が違うのだ。安売りとは、客を呼び寄せるために、あるいは競合他社との競争に勝つために、身を削るように、ときには原価割れも覚悟しながら低価格に賭けることを指す。「アルペン」のやり方は違う。飛ぶように売れる価格を設定し、その価格でも十分に利益が出るような生産方法を模索し、実現する。

揺るぎない高級ブランドを別にすると、ほとんどすべての企業にとって「安さ」を追求することは必須となる。どんなに高価でも売れる、という商品は非常に少ない。

不況とデフレの中、サバイバルするためには、安さと品質をバランスさせる必要がある。それは、まるで暗い荒野のまっただ中で細い小道を確保するような、想像を絶する困難を伴う。

核となる質問

スズキ会長兼社長　鈴木《すずき》 修《おさむ》

「よく現場に行き、専門家の意見も伺うと聞きましたが、本当にワンマン主義者なんですか」

〈会社プロフィール〉

スズキは今から一〇〇年前、織物機械メーカーとして創業。一九五二年にはエンジン付の自転車を発売。その三年後に初めての軽自動車「スズライト」を売り出す。

鈴木修は七八年、四八歳で社長に就任した。鈴木が自ら手掛け、スズキの業績を躍進させたのが「アルト」だ。荷物が積めて燃費が良く、しかも価格は常識破りの四七万円。他にも「ジムニー」「セルボ」「ワゴンR」など、かつてない軽自動車を世に送り出した。

今や世界二二の国と地域で生産をするスズキ。インドには、三〇年前、大手メーカーが見向きもしなかった時代にいち早く進出した。現在、インドを走る車の二台に一台はスズキ。インドでの新車販売台数は、二〇一二年三月、過去最高を記録した。

スズキの鈴木修会長は、とても八〇代とは思えない元気で明るく、かつどこか「おちゃめ」な印象のある魅力的な人物だ。スズキは販売店と「家族的な」親密さを持ち、非常に大切にしていて、会長自ら激励したり、パーティを開催したりして、絆を深めている。各販売店における鈴木修会長の人気は圧倒的で、アイドルのような存在であり、強い信頼関係を維持している。

「おれは中小企業のおやじで、あちらは大手さんだから」と言うのは、会長の口癖だが、スズキは年商三兆円企業であり、「大手さん」の一つである日産に迫っている。それでも、「うちは中小企業だから」と言うのは、照れでも謙遜でもなく、会長の本音なのだ。

「スズキにとって、トヨタやホンダというのはどんな存在なんですか」

「そりゃあ、あんた、雲の上の、会社だよ」

実際、昔はそうだった。世界進出しようとしても北米や欧州の市場はすでに「大手さん」が支配していた。スズキは、「どんな小さな市場でもいいから一番になりたい」ということで、最初、未開拓だったパキスタンに進出し、やがてインドというフロンティアを見いだす。リーマンショック後の大不況、北米と欧州市場において、とくに高級車販売は大打撃を受けたが、影響が少なかったインドで、スズキは大健闘した。スズキだけが赤字にならなかったのだ。

アルトを開発するとき、鈴木修会長は徹底して低価格を志向し、コストカットを指示した。「灰皿もスペアタイヤも取ってしまえ」と檄を飛ばし、「エンジンも外すくらいの気持ちで行け」と当時の開発部隊を鼓舞したらしい。番組に出てもらったとき、「ムダが大嫌い」という会長に、スタジオのセットの印象を聞いてみた。美術監督の種田陽平氏がカンブリア紀の地層をイメージしたという幻想的なセットデザインだったが、「話すだけなんだから、こんなに広いスペースは必要ないね」からはじまって、水を入れたグラスや紙のコースターまで、「ムダだ」と指摘し、スタジオは笑いに包まれた。

わたしは、資料を読み、スズキの歴史を知るうちに、核となる質問に気づいた。

「よく現場に行き、専門家の意見も伺うと聞きましたが、本当にワンマン主義者なんですか」

会長は、「今日のインドを作った一〇三人」というリストに選出された。外国人は三人だけで、あと二人は、マザー・テレサと、元首相夫人である。そんな鈴木修会長だが、すでに三〇年以上、会社を率いている。しかも、ワンマンだという評判だ。トップダウンで指示を出すワンマンの経営者は、すでに流行らなくなっている。本当にワンマン主義者なのか、だったらどうしてこれほど変化の激しいグローバル市場でサバイバルできているのかということ、そしてもちろんインド市場への進出について、さらに「おれは中小企業のおやじ」という経営哲学、そういったことが番組の核となった。

【想定質問メモ】　スズキ　鈴木修氏

■アルトの開発、GMとの提携、インドとの出合い。

■GMとの提携で得たものがよくわからない。

★自動車メーカーで数少ない黒字。今の不況を生き抜く重要なヒントを。

●「おれは中小企業のおやじ」↑象徴的な台詞。進化するのは強者ではない。成功体験のある強者は変化に適応しにくい。恐竜は滅び、当時足元を這い回っていた哺乳類が人類まで進化したし、陸に上がったのは捕食を逃れようとしたどちらかと言えば弱い種で、最強だったシーラカンスは一億年前と同じ。トヨタやホンダは、恐竜だろうか。

★世界同時不況

日本のビッグスリーおよび電機業界などがそろって業績下降の中、スズキの強さとはどこにあるのか。

●以前のピンチと今回の危機はどこがどう違うのか。

●GMとの提携で何を得たのか。

●GMはどうしてダメになったのか。

●トヨタやホンダは、スズキにとってどんな存在なのか。

★トップダウン&ワンマン主義：修会長はワンマン主義者か。現場に行き、専門家の意見も聞くが、決断はワンマンで？

●「やって見せ、言って聞かせて、させてみせ、ほめてやらねば、人は動かじ」山本五十六連合艦隊司令長官のスローガン「赤ん坊になろう」「何でも語ろう」。これからは「話し合い、耳を傾け、承認し、任せてやらねば人は動かず」。↑ワンマン主義と矛盾しないか。

●二五年周期の危機・前回の危機を知る社員がいない。

●おれは中小企業のおやじ、やる気、そしてツキと出合いとウンとともに生涯現役として走り続けた。売り上げ三兆円でも、「おれは中小企業のおやじ」↑卑下しているのではなく誇りでは？「おれは大企業の社長」と思った瞬間に失うものがあるのでは？

★コストダウン&販売力

●スズキの販売網はどうして強いのか。トヨタや日産とどう違うのか。

●リーマンショック以後の経済危機はどの程度深刻なのか。日本は悲観的すぎるのか。

●国際会計事務所グループが、世界三六カ国・地域、七二〇〇人を超える中堅企業経営者を対象に自国の経済全般と自社に関する二〇〇九年の見通しを尋ねたもの。ワースト一位は日本。

●スズキは、従業員の雇用を基本的にどう考えるのか。

●派遣切り、雇い止めなども問題だが、販売会社・系列部品会社・下請けなどへの対応はどうなるのか。

●スズキは、たとえば販売会社を救済するのか。販売会社のリストラはあるのか。

●若者の車離れ、カーシェアリングの普及。

★スズキの車作り

●アルト：「コストカット、灰皿もスペアタイアも取れ」

●「あるときはレジャーに、あるときは通勤に、あるときは買い物に、あると便利な車、それがアルトです」→外注先の社長夫人の愚痴からヒント。

●青果屋のおやじの左右二つのポケット：儲けがないなら水でも飲んでおけ。

●三年償却の原則。

●代理店の社長出向経験者以外は営業関係の役員にはしない。
●代理店の息子をスズキ本社で五年預かる。
●セールスは断られてから始まる。
●浜松の二輪車：よそ者（新しく異質なもの）を受け入れる開放的な風土。
●一円の重さ。部品二万個。一台の利益約三〇万。部品一個の利益一円五〇銭。「小さく、少なく、軽く、短く、美しく」
●海外戦略：猫とこたつに入ってないで、犬と近所を散歩して、話しかける。外に出る、外側に出るということ。
★経営トップ三〇年
●普通、三〇年もトップにいると、人的交流がなくなったり、会社は沈滞することが多いが、どうしてスズキは違うのか。
★海外戦略
●自動車産業にM&Aは不向き。他企業を買収するより一から会社を作ったほうがいい。企業文化が違うので経営主体が変わっても企業体質は変わらない。

●どんな小さな市場でもいいから一番になりたい。↑なぜ？
●ハンガリー進出：ニッチ市場（小型車が売れ現地事業免許が取得可）。赤絨毯に部品を並べる（部品の現地調達率を示す）。
●インド：カースト制身分制と合理性との戦い・身分の高い者は清掃作業をしない・工場の制服を着ない。身分の低い従業員と一緒に食事しない。
●短編映画『ともに前進しよう』（焼け野原からの復興&従業員と管理職が一緒にメシを&病気の部下を上司が見舞う）を制作した理由。
●インドのストライキ「どうしますか」「二年でも三年でもやらせておけ」大家族主義で一人が大勢を養っているのでいずれ職場に戻るという読み。文化を知らなければ。
●今日のインドを作った一〇三人(※)、三人の外国人、鈴木氏&元首相未亡人&マザー・テレサ。

※インドの英字紙「タイムズ・オブ・インディア」が、同国の独立六〇周年を記念し、国の発展に貢献した人たちを特集、鈴木修会長を日本人として唯一、選んだ。

●セダンもあるが、ワゴンもあーる。ワゴンR。
●売り上げと取扱高の違い。

●ワンマンのほうがいい（皆の意見を聞いていたら時間がかかって動きが鈍くなってしょうがない）。金のかかるものは大嫌い。会議!!

【実際の収録からの抜粋】

「核となる質問」につなげていくための質問と鈴木氏の答え

村上　クジラにたとえられたＧＭの業績がここまで悪くなったというのは、どういう要因があったのでしょう。

鈴木　評論家的に言えばいくつもあると思いますけれども、ここで師匠の問題点を指摘することは、ちょっと勘弁してほしいわけです。少なくともうちの先生ですから。

村上　図体が大きくなればなるほど、小回りがきかなくて変化に対応するのが難しくなるということはあるのではないでしょうか。

鈴木　まあ、それは言えるでしょうね。一九九八年だったか、ＧＭのトップと話したときに申し上げたのは、あなたのところは会議ばかりやってデシジョンがないということ。うちは独裁だから三分で決まるけど、お宅は三年かかるじゃないかと言った。このことは我々も気をつけなければいけない。そのころは二〇〇〇人かそこらでしたが、今は本社だけで一万六〇〇〇人、海外を入れると六万人います。同じようなことが出てくる。

「核となる質問」と鈴木氏の答え 1

村上 独裁とおっしゃいますが、ワンマン主義者なのでしょうか。

鈴木 民主主義に対して独裁だというのだったら、これは違いますよ。決断を自分でする。独裁というと一方通行になりやすいですが、朝令暮改は大いに歓迎する。それからもう一つは、一方的にデシジョンしても、やりっぱなしはダメなんです。フォローとは何かというと、自分がやったことが本当にいいのかどうかということを、現場に行って、現場の人に確かめるんです。

村上 本当の独裁者やワンマンだったら、あんなに代理店の人たちに慕われますかね。

鈴木 いや、うちはファミリー的な企業だから。代理店の皆さんに集まっていただく大会を一九七二年からやっているんです。年間に六回、だいたい三〇〇〇人から四〇〇〇人ぐらいの規模です。それをもう三八回、続けています。だから二世の方はもちろん、三世がいるわけです。「おじいちゃんと一緒に撮った写真を持ってきまし

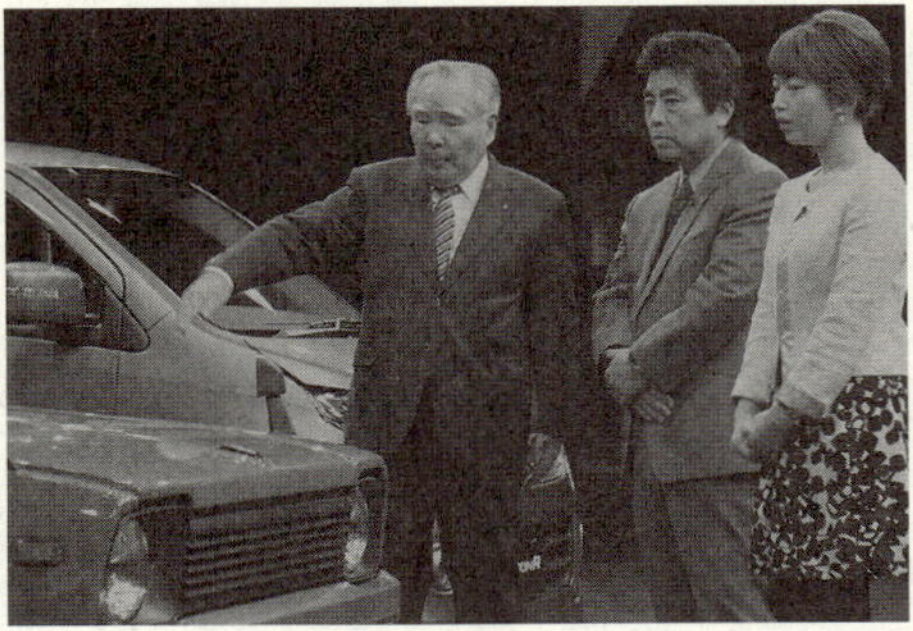

た」と言って孫が持ってきてくれる。で、「何をやってるの？」と聞くと、「スズキの研修を終えて、家へ戻りました」と。うちは販売店さんの息子さんを五年間、お預かりしているんですよ。車を売るにしても、作る側がどうであるかを理解してもらおうということで。だから表彰式などをやっても、「あなた、誰々の息子さんか」なんていうことがよくある。

「核となる質問」と鈴木氏の答え 2

松丸アナウンサー　鈴木さんは、小さい市場でもいいから一位になるとおっしゃっています。

鈴木　先ほど申し上げましたように、自動車メーカーの中では回れ右の一位でしょう。それをずっと続けていると、一つずつ地道に抜いていくのが努力目標になるのと同時に、いろいろなマーケットがあるわけですから、一つくらいナンバーワンを取りたいという気持ちになるんですよ。トップばかり走っているとそうは思わないでしょうけど、一番後ろで走っていると、総合の一位ではなくても、一科目だけは一位を取りたい。アルトが出てみんなが活気づいて、よし、これで上昇気流に乗ろうというときに、一位になるにはどうやったらいいだろうか、と僕は考えた。よく考えてみたら、自動車メーカーのない国に行けば一位になれるわけだ。一台作っても一位だからね（笑）。

「核となる質問」と鈴木氏の答え 3

村上　鈴木さんの『俺は、中小企業のおやじ』（日本経済新聞出版社）という本には、そういったインドのことから何からすべてが書かれているのですが、この中小企業のおやじという言い方は、へりくだっておっしゃっているわけではなくて、一種の誇りだと思うんです。

鈴木　それなんですよ。現実に私が入ったときには、潰れたらまたどこかに行かなければならないだろうなと思うような会社だった。みんな中小企業からスタートしているわけです。みんな中小企業のおやじなんですよ。

村上　たぶん、私は大企業の社長だと言った瞬間に失われる大事なものがあるんじゃないかと思うんですよ。

鈴木　失うものがあるんです。だから中小企業のおやじであることに誇りを持たないとダメ。もう、僕は裏道ばかり歩いてきたんだから。

村上　裏道じゃないですよ、チャレンジャーですよ。

鈴木　いいチャレンジができる道を歩いておったということは言えるかもしれない。

「リスペクト&ユーモア」と鈴木氏の答え

松丸アナウンサー　鈴木会長は七九歳になられても、スニーカーを履いて工場内を八時間、歩き続けているとか。その元気の源を教えていただけないでしょうか。

鈴木　一つは親に感謝しなくちゃいけない。健康に生んで育ててくれて。もう一つは、私は静岡県の人間ではなくて飛騨の山奥の生まれなんです。小さいときから農業をやっていましたから、手の節が太くなる。野山を駆けずり回ったとか、粗食に耐えたということも、やはり健康の一つのもとでしょう。それからもう一つは目標を持つということです。その八時間は、何かないか、もっと改善することはないかと、獲物を探すようなつもりで歩いていますから。現場の人は、案外気がついていないんですよ。これは、やはり慣れなんです。慣れてしまうと気がつかなくなる。

村上　ただの散歩だったら八時間は無理ですよね。

鈴木　それは無理だ。ゴルフだってそうでしょう。ゴルフじゃなかったら、あんな山道歩けませんよ。

核となる質問

サイゼリヤ会長　正垣泰彦《しょうがきやすひこ》

「これほどおいしくて安くなければ客は来ないのか」

〈会社プロフィール〉

一九六七年、理論物理学を学ぶ大学生だった正垣泰彦は、小さな洋食店を始めた。しかし開店休業の状態が三年。そこで、質は落とさず、どこまで値段を下げたらお客は来るかを実験すると、七割引きで連日行列ができ、売り切れた。さらに分析を重ねると、世界で消費が伸びていたのはイタリア料理の食材だった。現地に飛んだ正垣は庶民の料理が安くてヘルシーなことに驚き、イタリア料理専門店に転換。それがサイゼリヤだ。

「安さとおいしさ」を追求したサイゼリヤは、不況の荒波を越え、今や国内八八二店舗、海外四店舗を展開。その秘密は究極の合理化にある。外食産業が冷え込む中、サイゼリヤは創業以来増収を続け、二〇〇八年は過去最高の八四九億円を叩き出した。

収録前に、地元にある「サイゼリヤ」に行った。飲食業がゲストの場合は、できるだけ実際に食べに行くようにしている。それも、スタッフにも知らせず、こっそりと行く。「村上龍が食べに行く」と店側に知られないほうが気楽だし、客として店や料理を経験できる。

「カンブリア宮殿」のゲストとして登場するわけだから、その会社は成功しているということになる。飲食業の場合、立地を含めた店舗デザインとコンセプト、味、値段、サービスなどが、「突出してすばらしい」と消費者に評価されなければ、競争が激しく、供給過剰なこの時代でサバイバルしていくのはむずかしい。

友人たちと数人で「サイゼリヤ」に行き、生ハムをはじめ、できるだけ多くの品を注文した。昼間だったが、赤のグラスワインも頼んだ。キャンティのワインで、一杯一〇〇円だった。そして、生ハムを食べてみて、本当に驚いた。サッカーの中田英寿がセリエAにいるころ、ひんぱんにイタリアを訪れ、各都市、街で、有名な高級店から大衆的なピザ屋まで、いろいろなところで食事した。とくに生ハムは、中田がパルマに在籍していたときに、パルメジャーノのチーズとともに、飽きるほど本場の味を楽しんだ。

「サイゼリヤ」の生ハムは、正真正銘の本物だった。しかも、びっくりするくらい安かった。こんなハムをこんな値段で出して利益があるのだろうかと思った。だから、核となる質問はすぐに見つかった。

「これほどおいしくて安くなければ客は来ないのか」

「サイゼリヤ」を率いる正垣泰彦氏は、大学では物理を学んだ「変わり種」だ。学生時代、アルバイトとしてレストランで働き、やがて縁あって、店をまかせられるようになったのだが、まったく客が来なかったらしい。客が来ない要因はたくさんあったようだが、とにかく絶望的に、来なかった。おそらくたいていの人は、そこであきらめる。

だが、大学で学んだ物理学が関係したのかどうかは不明だが、正垣氏は、あきらめなかった。そして、合理的といえば合理的だが、ユニークといえばこれほどユニークな方法はないと思われる一種の「実験」を行う。

メニューの値段を、客が来るようになるまで、段階的に下げていったのだ。そしてあるとき、「七割引きにすれば客が押し寄せる」という事実を発見する。その発見が「サイゼリヤ」の出発点となった。そのことを資料で読んで、あの生ハムのおいしさと値段に納得したが、次から次に、疑問が浮かんできた。ワインは、よく保存されていたが、キャンティのごく普通の品質だったので、大量に買い付ければ何とかグラス売り一〇〇円で提供できるかもしれない。しかし、あの生ハムは、まさに本物であり、どんなルートを使おうと、あの値段ではおそらく赤字なのではないか、そういったことだ。スタジオでは、わたしの質問に対し、正垣氏は、常に、「面倒くさいな」というような表情をされていたが、しかし正確に、かつロジカルに答えていただいた。

【想定質問メモ】　サイゼリヤ　正垣泰彦氏

●生ハムとモッツァレラとトマトはごまかしようがない。あのレベルを理解する日本人は少ないだろう。ワイン（一〇〇円！）もちゃんとフィレンツェで飲むキャンティの味がした。エスプレッソも生チョコケーキも本物。

●ごく普通のママ&幼稚園児&外回りの営業マン&ご近所のおじいさんやおばあさんが、あれだけレベルの高いイタリアンを食べているのは異様。サイゼリヤよりまずい店は本場イタリアにも観光地などにたくさんある。

●日本のその辺の変に威張った寿司屋よりうまい回転寿司が、日本よりも安い値段で食べられるフランス人経営の店がフランス各地にある、のと同じ。

●そう言えば、二〇〇二年の日韓W杯で来日したイタリア人記者が、すばらしいと言って、通っていた。

●あんなイタリアンを幼稚園から食べてもいいのか。将来イタリアに行っても感動しない。

●喫茶店のナポリタンしか知らないとイタリアで感動。

●サイゼリヤのパスタとピザで育った子は、おにぎりやご飯と味噌汁から離れていくのでは？　今までは、安くてまずいか、六本木キャンティみたいにバカ高くてもさほどおいしくないイタリアンとかフレンチで守られていた日本だが、食のナショナルアイデンティティが崩れるのでは。マックのハンバーガーも日本のほうがおいしいし、ABCマートでアメリカのスニーカー、ユニクロで多国籍のファッション、ニトリで安くておしゃれな欧風家具を買うと、どうなっていく？

正垣さんの責任ではないが……。

●いくら品質が良くても、安いとデフレの誘発にならないか？

●解決策は、海外出店。アジアではなくまずドイツに。ドイツはビールとソーセージと芋がメタボを生むのでイタリアンにシフト。だが恐ろしくまずい。アメリカ人もイタリアンが好きだが、ＮＹ以外、まず期待できない。ハワイのイタリアンはひどい。

●中華かイタリアン：もっとも消費量の大きな食材はトマト、チーズ、パスタ。

●野菜の温度は４℃。

●「おいしい」と「うまい」は微妙に違う。毎日食べても飽きないもの。

●メニューはほとんど変えない？　なぜ？

●これほどおいしくて安くなければ客は来ないのか。

●山登りで疲れて登れなくなったら「誰かの荷物を持ってやる」。

●「まず周囲の人を喜ばせる」。そのために自分を磨く。↑教養。教養がない人はギブアップしやすい、確かにそうだがなぜだろう？

●物理と数学の問題を解くのは楽しかった。どうしてアルバイトやホームレスの真似をしたのか。

●一階青果店の階段の段ボール：それは邪魔物か、必要な試練なのか。
●店舗数には興味がない、食材調達の効率化と素材へのこだわり。
●サイゼリヤの意味：ラテン語でくちなし、創業の七月七日の誕生花。
●チェックすべき経営指標はお客様が増えたかどうかだけ。いいものを安く売ると客がどんどん来るので余計な経費がかからない。食材のロスがなくなり、宣伝費もいらない。
●サイゼリヤは、最低賃金が時給一〇〇〇円と法律で決められてもやっていけるか。
●景気が悪いほうが追い風になって売り上げは伸びるか。景気が回復するのは逆風か。

【実際の収録からの抜粋】

「核となる質問」につなげていくための質問と正垣氏の答え

村上　あの生ハム、ひょっとして赤字じゃないですか。

正垣　最初は赤字だったと思うんですよ。だけど、どうしてもあの味を食べさせたいということで、パルマのフェラーリというメーカーから持ってきて、自分のところでスライサーで切って出しているんです。初めは従業員だけが食べていたんですよ。

村上 どうしてですか。

正垣 売れないから。

村上 売れない？

正垣 いくら安くても売れないの。やはり生ハム独特の、日本のハムとは違う香りがするからなんですよ。売れ出したのは子どもから。ちっちゃい、小学校に行ってないような子どもは、先入観がないから、それがおいしいってわかる。バッファローのモッツァレラもそうです。そこからだんだん、出るようになりました。それが今ではすごく出るようになったんだけど、あまり出るとイタリアに豚がいなくなっちゃうから、まあ、ほどほどでいいか、と。

村上 ワインも一〇〇円でしたが、ちゃんとフィレンツェで飲むキャンティの味なんです。

正垣 そりゃそうですよ。フィレンツェからそのまま冷蔵コンテナで持ってきているんだから。

「核となる質問」と正垣氏の答え

村上　どうすれば客がもっと来るんだろうと思って、どんどん安くされたわけですが、自然とそういうふうに考えられたんですか。

正垣　お値打ちというのがあって、お客さんはお金より値打ちがあれば来てくれるのだから、値打ちがあるようにするには値段を下げていけばいいんだろうということがわかった。だから値段だけをずっと下げていくという実験をしたのですが、七割引きまで下げるとお客さんは来るんですよ。

小池　でもそれでは儲からないですよね？

正垣　そんなこと、全然関係ないんです。優先するのはお客さんが来るかどうかだから。お客さんが全然来ない店なんですよ。だけど七割引きで売ると、宣伝も何もしなくても、次の日からお客さんが二〇〇メートルくらい並んじゃう。これは、中国の上海でもやっているんです。上海の店がうまくいか

なくて、七割引きにしろと言ったのですが、そんなことをやったら潰れるに決まってると言ってしなかった。それで僕はもう一回、七割引きにしろ、潰れてもいいからしろと言いました。するとそれまで一二〇人だったお客さんが、その日から二〇〇人来るようになった。

村上　七割というのはどういう理由なんでしょう。

正垣　五割ではたいしたことないです。要するに、明らかに安すぎるくらいの値段で、お客さんがびっくりするんですよ。

村上　でもその値段で出し続けると赤字なんでしょう?

正垣　そうです。でもこれが不思議で、人間というのは考えることとやることが違っていて、安いからといってそれを食べるじゃないですか。それ以外のものも食べるんですよ。

村上　七割引きの品は限られてるわけですね。

正垣　そうです。しかも自分たちはお客さんが来てくれるのが一番うれしいと思ってやっていますから、お客さんが来すぎちゃう。そこでまた考えるわけです。来たのは安くしたからでしょう。どうしたらこのお客さんに喜んでもらえるかと考えた結果、隣にどんどん店を出していくわけです。お客さんを減らさなきゃダメなの。そのときに値段を上げるとピタッと来なくなっちゃう。

「核となる質問」から派生した質問と正垣氏の答え

村上　不況下とはいえ、これほど努力して値段を下げて、しかもおいしくしないとお客さんは来ないわけですよね。すると街の食べ物屋さんはやっていけないんじゃないですか？

正垣　いや、やっていけます。私たちが産業化して作れば作るほど、逆に芸術作品を作る職人さんたちは浮かばれてくるんですよ。職人は自分たちで種から作れるわけじゃないじゃないですか。それをホテルなどで一番適したものとして提供する。職人さんの技で、もうすごくおいしいものを作ってもらえる。だから共存共益できるわけですよ。そういう人たちが安いものをやろうとして、そこを中途半端にしたときにおかしくなるんです。自分たちみたいな大チェーンと、それから個人店は必ず成り立つんです。

「リスペクト＆ユーモア」と正垣氏の答え

村上　あんなピザやパスタを幼稚園ぐらいから食べていると、大きくなってイタリアへ行ったときに感動しないんじゃないですかね。

正垣　うん、ただイタリアの料理というのは何もやってないんですよ。そのままの素材がいいだけなんです。素材がいいとシンプルな味がしますから、いろいろ組み合わせてコーディネーションできる。自分でコーディネーションができるということは、ピッタリの味になります。僕は四〇～五〇年ぐらい前にイタリアに行って、これを日本に持ってこようと思った。これを日本の人たちに食べさせたいと思って、ワインも一〇〇円で売ってきたのですが、みんなにまずいと言われたんです。最近ですよ、お年寄りがサイゼリヤに来て、ワインを飲みながらハムとかモッツァレラチーズとかを食べて、これをおいしいと思うようになったのは。おいしいと思っているかどうかはわかりませんけど、毎日そうやって来られている。

核となる質問

AOKIホールディングス会長　青木擴憲《あおきひろのり》

「AOKIが長野、青山は広島、コナカが神戸、さらにユニクロが山口で、ニトリは北海道で、ヤマダ電機は群馬。東京と三大都市圏以外の地方から、有力な小売りが誕生するのはなぜか」

〈会社プロフィール〉

一九七一年、長野駅の前に一軒の紳士服専門店がオープンした。売りは格安のスーツ。一着七、八万円が相場だった時代に、「サラリーマンが毎日着替えられる安いスーツを提供したい」と考えた店主・青木擴憲は、一万八八〇〇円で販売した。

折しもこのころ、日本各地で紳士服の専門店が続々とオープンする。広島で洋服の青山、神戸では紳士服のコナカ、東京に大三紳士服。そこから頭一つ抜け出したのが青山で、安さを最大の武器に全国展開に動き出す。AOKIも負けじと大型店で対抗した。

やがてバブル崩壊で、市場は一気に縮小。AOKIは地方の軍勢を吸収して勢力を伸ばしていった。生き残ったのは、年商二〇〇〇億円の青山と一四六五億円のAOKIの二大勢力。創業者で今も現役なのは青木だけだ。値段以上の質と丁寧な接客が一度つかんだ客を離さない。スーツ業界の革命児・AOKIは消費不況が続く中、過去最高益を叩き出した。


「紳士服のAOKI」は有名だが、行ったことがなかった。たとえばズボンを二本買えば、もう一本無料でもらえるというようなことから、大衆的な安売りの店だと思い込んでいたのだ。実際に、わたしの家の近く、郊外型の「AOKI 横浜港北総本店」に出向いたのは、青木擴憲氏の収録前ではなく、「営業スペシャル」という特番のためだった。その店に、町田さんという、年間にスーツを八〇〇〇着も売るというスペシャリストがいて、会いに行ったのだ。「AOKI 横浜港北総本店」は巨大で、しかもわたしの予想とは違って、一着二〇万近いスーツもあり、決して「安売り店」ではなかった。

とにかく、膨大な量と種類のスーツおよび紳士服が並び、わたしは、町田さんに勧められるままに、八万円くらいの、かなり上等なスーツを選んだ。町田さんの応対は、それまでわたしが経験したことのないものだった。押しつけがましさが皆無で、べたべたと笑顔を振りまいたり、お世辞を言ったりということも皆無だった。「買ってください」ではなく、「それでしたらこういうのもありますけど」と、まさにわたしが気に入りそうな一着を見せてくれるのだ。町田さんにスーツを選んでもらっているときに、お得意さんらしい客が現れ、「今日は、買い物というより、町田さんに会いに来たんだよ」というようなことを言った。町田さんは、「あ、○○さん、ご長男のスーツですが、だいじょうぶでしたか」と聞いて、「もちろんぴったりだったし、息子のやつ、大喜びだったよ」と客が応じて、売り場に和やかな笑い声が響いた。

すごい人だ、と思った。こういう天才的な営業が成立するためには、商品に対するリスペクトがなければならない。町田さんは、ＡＯＫＩの商品に絶対の自信を持っていた。いったいどういう人がこんな会社を作ったのだろうと、興味が湧いたが、しばらくしてＡＯＫＩを作り上げた青木擴憲氏をゲストに迎えることになり、わたしは、ＡＯＫＩと、それに町田さんに対する礼儀として、彼から買ったスーツをスタジオに着ていった。礼儀だけではなく、わたしはそのスーツがとても気に入っていたのだ。

青木擴憲氏の資料を読むうちに、核となる質問はすぐに見つかった。

「AOKIが長野、青山は広島、コナカが神戸、さらにユニクロが山口で、ニトリは北海道で、ヤマダ電機は群馬。東京と三大都市圏以外の地方から、有力な小売りが誕生するのはなぜか」

昔、スーツは、特別なものはテーラーで仕立てるか、もしくは百貨店で買うのが一般的だった。やがて日本全体が豊かになり、とくにバブルが発生したころは、アルマーニやベルサーチという一着三〇万円もするスーツが、ごく当たり前のようにブランド店に並ぶようになった。いずれにしろ、スーツを買うには都市部に出て、百貨店かブランド店に行く必要があった。AOKIが、そういった状況を一変させた。自宅に古着を吊して売り、さらに七年間の行商を経て、長野の、篠ノ井駅前に「洋服の青木」が誕生する。それからは、まるで蒙古の騎馬隊がユーラシアに進軍し、制圧していくような、すさまじい流通革命を起こし、年商一〇〇〇億円をはるかに超える企業が誕生する。青木擴憲氏は、まさに革命児だった。伝統的に都市部にしか存在しなかったスーツの世界を、長野から攻略した。よれよれになった一着のスーツで仕事をしていたビジネスマンの救世主となったのである。

【想定質問メモ】　ＡＯＫＩホールディングス　青木擴憲氏

最初の口上：

スーツの世界が変わりつつある、と言われている（ＩＴなどの先端企業では仕事でもスーツを着なくなった。また仕事着からおしゃれ着になっている感もある）。独自のビジネスコンセプトと郊外型店舗展開で、急成長したＡＯＫＩも、変化を迫られているが、創業者の青木擴憲氏は、類いまれな「危機感の哲学」の持ち主であり、波瀾万丈の人生を生きてこられた。ＡＯＫＩは一年に一七五万着のスーツを作って販売している。今夜は、スーツビジネスの奥深さを、創業者、青木さんの独演会のような形で、お送りしたいと思う。

●売り上げは連結で一三〇〇億円（二〇一〇年三月期）。
●町田さんに、敬意を表してこのスーツを。そうしたくなる人でした。
●ビジネスマンがスーツを着ている時間・八万五〇〇〇時間。
●婦人服やカジュアル衣料と比べて流行の変化はそれほどない。
●ただし国内の紳士スーツ小売市場規模は二〇〇六年で三〇〇〇億円（予想）、ピークの一九九二年から六〇％縮小。

●そう言えば、シリコンバレーのＩＴ企業はスーツなんか着ない。

●スーツは仕事着からおしゃれ着に。業界の主戦場は郊外から都心に移った。みたいなことが言われているが、実際は、営業職など、スーツの需要は基本的には変わらない？

●カラオケの様子からは、わかりづらいが、大変な苦労をされた。

●戦後まもなく父親の質屋（戦前は米穀店・物資がなくなり閉店）が倒産。中に石を詰めただけの「カメラ」が持ち込まれても、窮状を察して金を出していた。情け深いが、情けだけでは絶対に潰れると肌身で知った。

●「月に一度、雪だろうが風だろうが、自転車で借金を返しに行く。それが長男としての責任、経営の厳しさを教えられた」

●大学進学はあきらめ、家にあった質流れ品を扱う行商を開始。そのうち扱う商品を洋服、スーツに絞る。↑一八歳の若者にも商品知識があるため。

●自宅に古着を吊して店を。個人商店「洋服の青木」の誕生の瞬間。

●七年間の行商を経て、一九六五年、地元・篠ノ井駅前に「洋服の青木」を開店。だが赤字。チェーン店こそ小売りの未来だと店舗を三つに増やすがそれでも赤字。マイナスからのスタート。

●AOKIが長野、青山は広島、コナカが神戸、さらにユニクロも山口で、ニトリは北海道で、ヤマダ電機は群馬。東京と三大都市圏以外から地方で有力な小売りが誕生するわけは？

●棒ほど願って針ほど叶う。

●長野駅前の好物件で起死回生。だが土地が区画事業整理対象に。サーカス型テント店舗で乗り切る。

●生きるためのビジネスは終わった。次は社会に何ができるか。

●成功したら社会に恩返ししようと弟と、父親の位牌の前で誓ったことが背景に。

■三つの経営理念

◎社会性の追求：当時の初任給で一着しか買えないスーツを四着買えて、毎日着られるようにする。スーツの流通革命を誓う。vertical merchandising system. 生産・流通・販売の全段階を垂直的に含むシステム。↑一九七一年ごろから。

だが簡単ではなかったのでは？　どうやって？　織物屋との粘り強い交渉。売れ残りを売ってもらい、次第に老舗や大手から。

◎公益性の追求：適正利潤を確保し、税金、配当、社員への報酬として還元。
◎公共性の追求：ビジネス以外でも世のために何かしよう。

●郊外型店舗展開。
●オイルショックのあおりで、二万着の在庫を抱える。支払い猶予の謝罪行脚。
●孟子の『告子章』「内に賢者なく、外に脅威がない場合、自然に安逸に流れ、必ず滅亡する。個人も国家も憂患（心配）の中にあってこそ、初めてサバイバルできる。安楽にふければ死を招く」
●顧客の人生により深くコミットする展開を模索。郊外型物件の有効活用から、カラオケ、複合カフェ、フィットネスを開拓。
●シャガールの絵をヒントに、「生命美の創造」というコンセプト。「ゆとりある人生のパートナー」を目指す→アニヴェルセル（※）

※ＡＯＫＩが作った東京・表参道にある結婚式場。年間一〇〇〇組が式を挙げる。

●絶頂期に芽生える「本当にこのままでいいのか」という小さなつぶやき。ビジネスの衰退は絶頂期に始まる。その危機感はどこから生まれるのか。

【実際の収録からの抜粋】

「核となる質問」と青木氏の答え

村上　ＡＯＫＩは長野で、青山が広島で、コナカが神戸で、あとはユニクロが山口だったり、ちょっとファッションから離れるとニトリは北海道ですし、ヤマダ電機はもともと群馬が発祥地です。そういった東京からではない小売業の勃興というのは何か理由があるんでしょうか。

青木　あります。当時、東京では百貨店がメーンの売り場でした。その次は名声のある専門店です。具体的に名前を申し上げますと、ＴＡＫＡ－Ｑ（タカキュー）さん、ＭＩＴＳＵＭＩＮＥ（ミツミネ）さんは全盛期でした。田舎の我々が東京のお客様に、というわけにはいかなかったんです。ですから当面は、既製服化率が上がっていく各都道府県の田舎でね、ナンバーワンになろうと、全員がそれぞれ頑張ってらっしゃった。で、そういう方々を集めて、ボランタリーチェーンの日本洋服トップチェーンという団体を作りました。青山さん、はるやまさん、ゼビオさんとか、皆さんとご一緒に仲良く、「今はロットがまとまらないので作って売ることができませんが、やがて作りましょう」と、共同仕入れなんかを一緒にさせていただいた、もうほんとに仲良しなグループだったんですよ。

小池　ライバルという感じでもありながら、ということですか。

青木　同志ですから。そのときは私は長野、青山さんは広島というように離れていましたし。仲良く、お互いのところに一〇着ずつ行くようにしよう、と。で、一〇の店が売ると一〇〇着になりますよね。一〇〇着になると五反ですから、ロットがまとまり作ることができます。一緒に作ってそれぞれ売りましょう、そうすると安くなりますよ、という流通革命の前の段階として、その共同仕入れが第一歩だった。

「時系列と空間軸の変化」に注目した一連の質問と青木氏の答え

村上　当時はサラリーマンが一着のスーツをずっと着回していた。そこで何とか四着買えることができるようなシステムを作って毎日日替わりでスーツを着られるようにしたい、させたい、と。その思いというか気づきというのは、どういう経緯で生まれたんでしょう。

青木　当時はよく「おまえは着たきりスズメだな」と言われたんです。一着を一カ月、ずっと着ているんです。ひどい人は半年とか一年、着てる。もっとスーツを毎日着替えられるようにするべきだとしみじみ感じまして、そしてそのときのオーダースーツというものは、売りながら知り尽くしていましたので、これよりもいいスーツを既製服で作って、毎日着替える、月火水木金と着替えられるスーツを、オーダー一着の値段で何とか作りたいと思った。それが結果的に、紳士服の流通革命ということにつながっていくわけです。

村上　僕はその順序がすごく興味深いし大事だと思うんです。どういうことかというと、普通の人は順序が逆で、たとえば安く作れる技術とかがあって、服を安く作れるようになる。それでサラリーマンは今一着しか持ってないし、新入社員も持ってないから、きっと四着買えますよと言ったら買うだろう、と。この順番で考えるのが常識的だと思うんです。でも青木さんは着たきりスズメはかわいそうだというか、もっと日替わりで着たほうがいいのではないかというのが出発点。四着買ってもらうためにはどうしたらいいかと考えて、技術とシステムを開発していくわけですね。

青木　はい。まずそのとき、既製服の場合には、メーカーさんがいて、問屋さんがいて、私どもがいるとなっていました。ですからこれはもう自分で作って売るしかないということで、尾張一宮の織物屋さんに生地を売ってください、と。私たちが作りますから、と。そのことによって中間のマージンをカットできますので、もう毎週月曜日におまんじゅうを持っていきました。

村上　織物屋さん、簡単に売ってくれるものですか。

青木　いや、売ってくれないですよ。だって売ったら、百貨店のメーカーさんとか、いろいろなメーカーさんに叱られるじゃないですか。なんで小売り屋のおまえに売るんだ、と言われますので、これはもう人間関係をつくるしかない、と。

村上　今は製造小売りというのが当たり前になっているので違和感はないかもしれないけど、昔は製造があって小売りがあって、間に卸があってというのが当たり前で、そのシステムを破るというのは、掟破りみたいなところがあったんですね。どうしたんですか。

青木　仲良くなるしかないでしょう。織物屋さんにおまんじゅうを持っていって、「こんにちは、小売り屋です」「売ってください」と行きますよね。一回目は横向いて「なんだ」と。二回目、三回目、四回目、五回目……毎週ですから、一年五三週ありますよね。だいたい一〇回以上通うと、残りの反物ぐらいあるだろう、これ売ってやったらどうだと、こういう気持ちになられるんですよね。

村上　人間ですからね。

青木　人間ですから。最初は無理もない話なのですが、残りの生地を実際にメーカーさんにお願いして作って売るようになった。そのうちに既製化率というのが高まります。終戦直後は一〇〇％オーダーでした。で、既製品は六〇年代に四〇％、七〇年代に五〇％を超えて六〇％になるのですね。そのときには今度は実際におまんじゅうを持って通った織物屋さんが、「いや、青木さんのお考えでよかった。こういう仕組みを作って、おれたちも生き残れるよ」と。

「リスペクト＆ユーモア」と青木氏の答え

小池　ＶＴＲの中では七三歳とは思えないパワフルさで歌も歌ってらっしゃいましたが、若さの秘密は何なのでしょう、教えてください。

青木　やはり夢を追いかけているということとオンとオフの切り替えが早いということ、あと実は自分では四八歳って思い込んじゃっているんですよ。ですから龍さんなんかとお会いしますと、「あ、先輩」と、こういう感じになります。

村上　それはコツですかね。僕も四八とか思っちゃえばいいですかね。

青木　ああ、いいですよ。

実践編3

世界市場へ

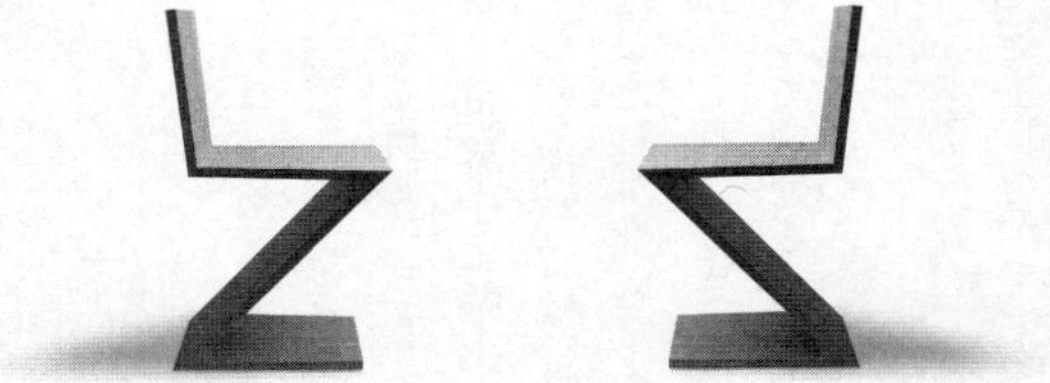

小さいころから、社会科の授業では、「日本は貿易立国」なのだと教えられた。「加工貿易」という有名な四文字熟語もあった。原材料となる資源は乏しいので、それらを外国から輸入し、加工して、つまり工業製品化して、世界中に輸出し外貨を稼ぎ、国庫も潤う、そういった構図だったと記憶している。だが、授業では「外国でどうやって販売するのか」までは習わなかった。子どもだったわたしが抱いたイメージは、貨物船に積まれた日本の工業製品が外国の港に着き、次々と荷揚げされていくというようなものだった。荷揚げされた製品・商品が、どうやって販売されるのか、そんなことは考えなかった。

パイロットという筆記具メーカーがある。パイロットの万年筆は、ずっと憧れの的だった。パイロットという会社は、およそ一世紀前に誕生したが、筆記具の専門家が興したわけではない。創業者は、海外貿易に携わる一人の若き船乗りだった。その船乗り、並木良輔は仕事柄数多くの「舶来品」に接するうちに、「いつか日本から世界に誇れるものを送り出したい」という夢を抱くようになる。陸に上がり、母校の教授に就任した並木は、製図用の「烏口」の扱いに学生が苦労しているのを見て、軸にインク貯蔵部分をつけた「並木式烏口」を開発して、特許を取る。

そして、一九一六年、純国産の万年筆を製作し、その二年後に、会社を興す。だが、驚くべきは、万年筆を作り、会社を興してからわずか八年後の一九二六年に、NY、ロンドン、上海、シンガポールに支店と、海外販売拠点を開設する。そして、その四年後には英国王室指定商である「ダンヒル」と欧州販売代理店契約を結ぶ。いつか日本から世界に誇れるものを、という思いが早期の海外進出となって実現したのだ。

長い経済停滞が続く日本では、いつのころからか「海外進出」という言葉が、神頼みの呪文のように唱えられるようになり、海外に進出した企業は先進的だと称えられた。海外進出には、大きく分けて二種類ある。おもに東アジアだが、安価な労働力を求めて製造拠点を移すという方法、それと、製品・商品の販売拠点を設けて海外市場で売るという方法だ。もちろんその二つを両方やっている企業も多い。だが、海外でモノを作るのも、売るのも、簡単ではない。労働力が安いから工場を建てて自社製品を生産すればいい、現地で販売代理店を探して商品を売ってもらえばいい、そんな安易なものではない。何より、現地との信頼関係を築かなければならないし、そのためにはその国・地域の歴史や文化、宗教や法律や生活習慣、それに人間性を知らなければならない。それは、地道で面倒な作業や交渉の連続であり、気が遠くなるような忍耐力を必要とする。また、どうしてもサービス業よりは、製造業のほうに利点がある。メーカーは、目に見える形や型を持つ「モノ」を示せるからだ。

核となる質問

ユニ・チャーム社長　高原豪久《たかはらたかひさ》

「企業として生き残るために、どうして海外進出が不可欠なのか」

〈会社プロフィール〉

日本の子供用紙オムツ市場に、圧倒的シェアで君臨するユニ・チャーム。しかしその強さは子供用紙オムツだけではない。女性のナプキンも断トツのシェア四割でトップ。生理用タンポンは一〇〇%、大人向け紙オムツもシェア五〇%、そしてウェットティッシュでもトップシェアと、数々のトップブランドを持つ。

ユニ・チャームは一九六一年、高原豪久の父、慶一朗が愛媛で創業。慶一朗は卓越したセンスで、小さな田舎の企業を東証一部上場企業へと成長させる。しかし八〇年代に多くの企業同様、多角化でビジネスを拡大し、バブル崩壊の大波にのみ込まれた。そして二〇〇一年、最悪の業績の中で三九歳の高原が社長に就任する。

高原はさまざまな事業のリストラに着手。衛生用品に事業を集中させ、紙オムツや生理用品のブランド力を復活させるため、商品開発に資金をつぎ込んだ。結果、ユニ・チャームは高原の社長就任から一〇年で、売り上げは二倍に。年商四九五七億円、日本の衛生用品市場に圧倒的なシェアで君臨し、不況の中でも増収増益を叩き出す。

ユニ・チャームの高原豪久氏は、「海外市場にこだわっているわけではない」と言っている。要は、常に成長分野に軸足を定めるということ。高齢者増だったら介護関連、ペットブームならペット事業なども手がけるということだ。だが、二〇一三年三月期の連結売上高四九五七億円のうち、海外売上高構成比は実に五二%を占める。「カンブリア宮殿」を長くやってきて、おもに製造業だが、海外で強い競争力を持つ企業は、国内でも強いという実感を持つようになった。考えてみれば当然のことだ。モノを作って、国内だけで売るよりも、海外で売るほうがむずかしい。

高原氏には、二度番組に出ていただいた。一度目は二〇〇九年二月で「ユニ・チャーム」単独でのゲストとして、二度目は、二〇一三年三月「激変に勝つ挑戦」というタイトルが付いた特番へのゲストで、港区にある本社をわたしが訪れ、インタビューする形での収録だった。指定された時刻は朝八時半で、わたしは眠かったが、本当に貴重な時間を割いていただいたのだと実感し、またユニ・チャーム本社の開放的な雰囲気も知ることができた。

驚いたのは、ユニ・チャームも高原氏も、四年間でさらに「進化」していたことだ。ビジネスを取り巻く環境の変化が激しいので、企業も経営者も、常に変化を求められるということだろう。軸となる経営方針が変わるわけではない。「進化」するのだ。「進化」を見るために、まず一回目の「想定質問メモ」を以下に紹介する。

一回目【想定質問メモ】　ユニ・チャーム　高原豪久氏

- 「カリスマ経営から『共振の経営』へ」「受命体質の転換」
- 先代・慶一朗社長「四〇年の成功体験を捨てるにはトップが代わるしかない。そして私自身が否定される覚悟を持たなければ」。今の自民党政治家を想起せよ。
- 社員一人一人が「受命」ではなく「自分で考え行動する」。

- 先代の社長のやり方を変える→先代の時代と何が違うと思ったのか→どうしてそこに気づいたのか。
- 営業・経営はどうやって勉強を？ 大学、三和銀行で学んだものは？
- 違うのは、単一の方法論や考えではなく「文脈」「体系」。その認識は、SAPSなどユニ・チャームの改革・戦略を「一般的」に紹介しがちなメディアも足りない。普遍的ではあるが一般的ではない。顧客の多様性は、個別企業の戦略の多様性につながる。
- 台湾での経験。倉庫の裏でビールを飲みながら納得するまで話を。
- 愛媛、成城大学、三和銀行だから、危機意識があった。東大法学部、ハーバードビジネススクールでMBA、長銀or興銀だったらダメだったのでは。
- インタビューなどで先代は非凡なカリスマ、自分平凡、と。それでみんなが勘違い。高原氏は困難を乗り越えた非凡な才能。先代も失敗ではなく、その時代を見事にとらえたが、時代が違っただけ。
- SAPS (Schedule, Action, Performance, Schedule) は「数値管理」ではなく「計画&課題解決の順序の妥当性」(※) →しかし細かすぎて息が詰まらないか。

※全社員に細かいスケジュール管理を課すユニ・チャームの経営改革。個人で目標を設定し、目標

達成のために計画、実行、達成、さらに結果を検証してまた計画する。この繰り返しにより、自ら設定した毎週のノルマを確実に達成できる社員を育てる。また一方では社員による飲み会を奨励している。

●三割打者ではなく素振り一〇〇〇回。

●密なコミュニケーション(質の高さ&量の多さ・顧客↓頻度と社内↓正確性)は、硬直化・教条化で「息が詰まる」。重要なのは、業績アップよりもモチベーション(面白さ)。むずかしいのは、SAPSそのものではなく、それが価値あるものだと社員に思わせること。

●理詰めの思考を全員に強いる「息苦しさ」を回避するには?

●自分の仕事が社会にどれだけの貢献をするものなのか。品質のいい紙オムツや生理用品を提供することが社会に貢献すること。

●営業1:「得意先には週一回は必ず行く」↓新しい情報が必要↓情報がないと「何しに来たんだ」と言われる↓逆に新ネタを持っていくと「マーケットをよく知っている。消費者の行動変化をよくとらえている」と感謝される。

●営業2:「何でうまくいかないの」「チラシがとれてない」「何でとれないの」「商談時間が二〇分しかもらえなかった」「何で二〇分しか」「人間関係ができてない」

「何でできてないの」「普段あまり行ってない」

●営業3：「トレードオフ（あきらめる部分を作る）」→「基準作り：我流&自己流（組織の中で共有できない）」から「定石（スタンダード）」へ。

●顧客獲得から顧客のニーズ把握と提案型。

●「海外市場にこだわっているわけではない。成長分野に軸足を。高齢者増なら介護関連、ペットブームならペット事業」

●顧客を見続ける、それに尽きる。独創的なひらめきより「どれだけ顧客を観察したか」。小説も同じ、ひらめきは徹底した描写から。

●タイやインドネシアで欧米企業に勝った要因：「ベビーの母親の市場ニーズを探り出す」

●現在の経済危機の深刻さ、マグニチュードをどう考えるか。

●ユニ・チャームの商品は必需品であり消耗品、他業種でもユニ・チャームの戦略は有効か。成功企業の戦略は普遍的か（たとえば自動車や家電にも）↑「カンブリア宮殿」のテーマ。

「ユニ・チャーム」という企業全体の紹介を兼ねているので、当然ゼネラルな質問が多いわけだが、次に、二回目の「想定質問メモ」を紹介する。

二回目【想定質問メモ】　ユニ・チャーム　高原豪久氏

●二〇一二年三月期の連結売上高は四二八三億円。海外売上高構成比は四七％。中国を含むアジア地域の売上高営業利益率は一五％で、国内事業を上回る。

●一九八四年、台湾で現地法人を設立したことから、ユニ・チャームの海外展開はスタートした。一九九〇年代はアジアを中心に進出し、現在は海外現地法人三五社を配し、東アジア・東南アジア・オセアニア・中東諸国、北アフリカなど世界八〇カ国以上で紙オムツや生理用品などを提供している。日本で培った商品開発力やマーケティング力をもとに、国ごとに異なる生活スタイルや商習慣に合わせて展開し、海外事業の拡大を急進している。

●「カンブリア宮殿」のゲストでも、売り上げ・営業利益とも、海外構成比が高い企業は、国内でも競争力があり、衰退しにくい。

●大きな流れ：海外進出の必然性↓基本姿勢（三現主義・消費者のご自宅訪問・三分の一ルールなど）↓進出先をどうやって決めるか↓壁について↓壁をどうやっ

て越えるか。

●企業として生き残るために、どうして海外進出が不可欠なのか。

●日本企業・製品のガラパゴス化が指摘されるが、国内市場から海外への飛躍は、一朝一夕には不可能。ただ、海外進出がどのくらいむずかしいか、すべてを紹介するのはむずかしい。

●メーカーに限らず、サービス業でも、グローバル化は必須なのだろうか。

●イスラム圏への進出は、勇気だけではできない。中国を含む、東南アジアへの進出で培われた「三現主義（後述）」による経験と学習の蓄積が必要だった。

●「私が経営をする上でもっとも頼りにしているのは現場のリアルな事実。現場に直接赴き、己の耳目で集めた『一次情報』と、現場で養った『直感力』」

●「三現主義：（一）現場、（二）現物、（三）現時点、この三つで改善を進めよう。これを無視した改善はあり得ない」（ユニ・チャーム語録 UTMSSの項 No.19）。UTMSS改善活動（Unicharm Total Management Strategic System）。

●「我が社では『直感力』を『ありのままの一次情報を、例外や偶発事象を排除し、本質を見極めることで早く正しく認識できる力。本質を見極める力』と定義」

●多くの場合「日本で入手できる二次情報で形作られた真実とは程遠いイメージ」

越しに現地を見てしまいがち。

●開発者やマーケターが何よりも優先して時間を割く業務「消費者のご自宅訪問」

「私も海外出張の際には、必ず時間を割いて、消費者のご自宅を訪問し、場合によってはお邪魔したご家庭でご主人や奥様の家事を手伝ったり、赤ちゃんのお世話をしたりしながら、いろいろと話を伺うようにしている」

●ときには食事をご馳走になることもあり、普通の海外出張では体験できない「現地に暮らす普通の人々の日常」にどっぷりと浸かることができる。このような体験を通じて磨かれた「直感力」や「現場感」があればこそ、一次情報から本質を見極めることが可能に。

●本社の事務所に閉じこもり、パソコンの画面に映る世界を一生懸命に見ても、決して真実を知ることはできない。正しい意思決定もできない。同様に、空調の効いたオフィスからメールや電話で指示を出すだけでは、現場は決して動かない。

●意図的に現場に出向くために、秘書の間では「三分の一ルール」という決まりがある。執務時間を三等分し「本社での執務」「海外の現場に出向く」「国内の現場へ出向く」という配分になるように、秘書がコントロールする。

●「国内外の現場に出向く際には、必ず最前線の担当者と同道し、現場の生の声を聞くようにしています。また、私からも経営者の視点で、その現場に何を期待しているか、なぜ、このような戦略をその現場が実践しなければならないかについて、じっくりと話をする」

■進出する国・地域を決める際のポイント

●まずメガトレンドに則して一〇年先を展望。
●メガトレンド（大潮流）
◎国内の成熟化（晩婚化、少子化、人口減少、高齢化）。
◎天然資源の供給ひっ迫。
◎急拡大する新興国の消費市場。
◎地球環境保全機運の高まりなどの時代の大きな流れをとらえる。
●そしてこのメガトレンドに逆らうことなく、素直な心持ちでのぞむことが大切。ともすると、自社にとって都合の良い「こうなってほしい」という願望が邪魔をして、視野を歪めてしまう。メガトレンドを自然体で受け入れ、自社の未来像に落とし込むことが大切。
●次に大事なのは、三つの軸で国・地域を検討すること。

メガトレンドを深く読みながら。
（一）対象人口の多寡
「顕在化している消費者」と、これから普及・浸透を図ることによって、新たに開拓・獲得することができる「潜在的な消費者」の双方を見る。
（二）流通チャネルの状態
市場に存在する小売業の数と上位集中の度合い。少数の大規模小売業による寡占市場と、いわゆる「パパママストア」が無数に存在する市場とでは、おのずとメーカーの営業政策・戦略には大きな違いが。
（三）メーカー間の競争状態
市場に参入しているメーカー数と上位集中の度合い。寡占状態と、多数の企業が参入しシェアが分散している状態とでは、取り得る手立てに大きな差が。
●この三つに「過去」「現在」「未来（予測）」という三つの時間軸を掛け合わせて、国・地域の優先順位や参入方法を検討。
●成熟市場と、成長市場を判別。前者（欧州など）には「ライセンス方式」、後者には「直接参入方式」。アジアなどを中心とする成長市場では、開発から生産、マーケティング、営業まで一気通貫で、自社でコントロール。場合によっては工場など供給拠点を設けるので多額の投資となる。

●当然ながら失敗した場合のリスクは大きくなる代わりに、収益性も高い。

●ユニ・チャームでは、中国やインドネシア、タイ、インドといったアジアの成長市場に一九九〇年代半ばから積極的に参入し、継続的に投資をした。今日のユニ・チャームの高い成長性は、この一五年前に蒔《ま》いた種が育っているから。また、装置産業としての事業特性も相まって、先行した投資が一段落し、一定程度のシェアを確保した国では収益性も高く、まさに成長性と収益性の両面でユニ・チャームの業績に貢献。

●海外へ進出したのは一九八四年。今年で三〇年目を迎える。今でこそ、さまざまな場面でユニ・チャームの海外展開が成功事例として紹介されているが、実際のところは過去二九年間、失敗につぐ失敗で、これまでには相当の苦難があった。

●いざ海外に出てみると予想以上にさまざまな壁が。国境はもっともわかりやすい壁。その他にも、言語、宗教、文化、習慣など、多くの壁が我々の前に。しかし、この壁を越えていかなければ、新天地を切り開くことはできない。

●壁を越える五つのポイント

（一）形や型のあるものは理解されやすい。製造業のほうが参入しやすい。

(二)「不」を解消する付加価値は受け入れられやすい。「不快」「不便」「不安」「不衛生」など。

(三) ホーム(日本)での勝ちパターンを移植するほうが成功確率は高い。進出先の特殊性ばかりに注目してしまう。しかしながら、私の経験では、異なる点よりも共通のことのほうが圧倒的に多い。自社が日本において今日の地位を築いた「勝ちパターン」を分析し、いつでも、どこでも、同じように再現できるレベルにまで、ひもとく必要が。

以前は日本で売れ残った商品をアジア地域で処分販売するといった風潮が。日本で売れ残ったものが、なぜ他所の国でなら売れると思うのか。当時台湾に駐在をしていた私には不思議だった。

(四) 社歴二〇年超のエース人材を一〇年スパンで派遣する。必然的に派遣する社員は社歴二〇年を超える四〇歳代が中心。

(五) 閾値《いき》を超える(=成功する)まであきらめない。私の経験では、新規国・地域の開拓には一〇年はかかる。しかし一〇年間、くる日もくる日もあきらめずに努力をし続けると、ある日芽が出て、花が咲き、実を結ぶ日が。それまであきらめずに全社員で努力を傾注し続けられるような工夫を経営者はしなければならない。

●海外に赴かれた際に街中をよく観察。「日本と同じものが、この国にもある」「日本なら当たり前なのに、この国にはない」といった観点で観察すると、理解が進むかも。「蚊取り線香」などは良い例かも。

●「良い商品＝商品力」。「商品力」は、「商品開発力」と「生産技術力」の掛け算。

●「強い営業＝より多くの店頭へ、より多くの商品を陳列する力」。広範囲に散らばる数百万に及ぶ小規模小売店へ、効率的に営業活動を仕掛ける必要が。成長著しいアジアの新興国では、昔ながらの小規模小売店が生活に深く浸透していると同時に、日本や欧米資本の大規模なスーパーマーケットやショッピングモールが次々とオープンしており、最先端のチェーンオペレーションにも対応可能な営業体制が必要。

●「巧みなマーケティング＝商品の価値を最大限に消費者に伝える力」。その国・地域の文化や習慣を深く理解し、その国・地域の消費者の心の琴線に触れるようなコミュニケーションを開発する必要が。これを実践するには、そこで暮らす人々の普通の暮らしにどっぷりと浸かり、地域の人々と完全にシンクロしなければならない。

●「開発部長」「工場長」「支店長」「マーケティング部長」の四人は、新規の国・地域に出る際には、セットで赴任をさせなければ、成功はむずかしい。

比べてみると、よくわかると思うが、二回目は、質問のための「情報」が主になっている。資料は、おもに高原氏ご自身のブログだった。そこには、海外で事業を展開するための、膨大な情報が記してあり、それを整理し、理解するだけで、かなり長い時間を要した。そして、二回目の対談の、核となる質問は、すぐに決まった。

「企業として生き残るために、どうして海外進出が不可欠なのか」

ユニ・チャームは、単に、世界中で生産・販売するというだけではなく、たとえば、インドネシアとサウジアラビアでは、製品そのものの仕様が異なる。その国の母親たちの経済力に合わせてオムツの機能を簡易化したり、また湿度の違いなどに応じて微妙に仕様を変えたりする。高原氏は、最初に進出した台湾の工場で、あるときに現地の労働者とのコミュニケーションが足りないと実感し、それ以後、毎日、彼らとお酒を飲みながら談笑したのだという。それが、高原氏の「海外進出」の原点となっているのだと思う。労働力が安いから海外で作る、余っている製品を海外で売る、そういった安易な方法が海外市場で通用するわけがない。

【実際の収録からの抜粋】

「核となる質問」と高原氏の答え

村上　高原さんはブログで「壁」と書いていらっしゃいましたが、一番大きい壁は国境だったり言語だったり、宗教だったりすると思います。サウジアラビアは成長市場だったわけですが、決して壁は低くなかったと思います。イスラムに進出しようと思われた最大の理由は何なのでしょう。

高原　ビジネスから言うと、中東諸国には人口の多さ、若年層の多さ、出生率の高さがあります。アフリカ大陸全域を考えたとき、サブサハラとそれ以南は将来のポテンシャルが非常に大きいということもあります。それとやはり、社員をこういう厳しい環境に派遣するわけです。そのときに、これは国内でも同じですけれど、どこでも仕事というのは厳しいものですよね。その厳しい仕事を、なぜ我々はやらなきゃいけないのかという動機づけをしなければいけないじゃないですか。本当に心に火を付けないとなかなか動いてくれないんです。それを考えたときに、非常に制約された環境の中で生きている人たちに対して、生活の豊かさということで貢献することができる。世の中の人のために貢献するというような自分の仕事の達成感、仕事をした結果の効果というのが、はっきりイメージとしてつかめないと、今の若い社員たちというのは一生懸命自分の人生を賭して仕事をするのは難しいと思います。昔は収入だとか地位だとか、社会からの評価で動く、あるいは個人だけが良かったらいいという感覚があったと思うんです。今は、自己実現というより自己の集合体としての集団自己実現というか、自分だけの達成感ではなくて、集団でやったほうが大きなことができるし、しかも果実を得ていただく対象はできるだけ大勢がいいという感覚で自分たちの仕事を位置づけると、相当頑張ってやれるんです。国内の介護分野などもそうですね。

「核となる質問」から派生した質問と高原氏の答え1

村上　今、日本はガラパゴス化とか言われて、企業にしても商品にしても海外に行かなければいけないというムードがあると思うんですよ。それは間違ってはいないとは思っているのですが、大事なのは、海外に進出しさえすればいいというものではなくて、進出するためには準備と経験とが必要だということですね。強い商品さえあればいいとか、強い営業チームさえいればいいという問題ではないですね。

高原　そうですね。進出ができるかできないかといえばできると思いますが、勝てるか勝てないかといったら、難しいと思います。

「核となる質問」に至った高原氏への質問（一回目の収録から）

村上　海外での体験も役に立ったのでしょうか。

高原　入社して三年目に台湾に駐在させてもらいました。海外経験自体は銀行のときもあったので抵抗はないのですが、実際に自分が日本側の責任者として派遣されるとちょっと違うところがあります。だいぶ累積の赤字が溜まっていまして、赤字が溜まると人心が腐るんです。台湾側は日本側のせいにする。日本側は台湾側のせいにする。日本国内でも業績の悪い部門や会社というのは、必ず人のせいにしますね。それでは何も変わらないのがわかっていても、人間はそういうものなんでしょう。そういうところに社長の息子が入っていくのですから、半分ぐらいは人質のつもりで赴任しました。

村上　戦国時代みたいですね。

高原　台湾側は、現場叩き上げで精神論の塊のようなパートナーの親父さんが率いる

チームで、我々が経営とマーケティング、生産技術というふうに役割分担をしてパートナーシップを組んでいたんです。そのときの経験というのは、思い返せば非常に大切なもので、結論から言うと、「究極は人の気持ち次第なんだな」ということがよくわかりました。僕はお酒が嫌いではないのですが、あまり強くないんです。ところがとにかく飲み倒すんですよ。台湾でも田舎のほうにある、がらんどうの倉庫の中に営業所があって、そこにみかん箱を積んで、頑張って売ってくれと頼みながら、きついお酒を飲むわけです。

村上　みかん箱で？

高原　本当の現場ですから、机なんてないんです。英語がわかる人もほとんどいないんですよ。全然言葉も通じないんですが、そういうことを繰り返していくと、なぜか「一緒にやろうや」という感じになっていく。今まで日本から来た人間は、そんな現場には来なかったということもあったようです。現場の人たちの心をつかむことは、業績を変えていく上で一番重要なのではないかと思いました。

「核となる質問」から派生した質問と高原氏の答え 2

村上 社会や共同体と一緒に実現していくというニュアンスは、お酒を飲みながらずっと話したという台湾で高原さんが自ら学んだことなんでしょうね、きっと。

高原 そうですね。

村上 そういったコミュニケーションは、やはり海外で事業を展開する際、乗り越えるときの一番のエネルギーになるんでしょうか？

高原 それは変わらないと思います。功利的な要領だとか効率だとかよりも、むしろ日本人はそういうのが好きですよね。理念だとか哲学だとか価値観だとか。サウジなど中東は地政学的リスクは高いところですし、そういうものを一朝一夕に解決はできないけれども、あるいは日本のユニ・チャームで育った社員がサウジに行って、サウジの人たちと交わって、サウジはお酒は飲めないけれどもお料理を食べながら、そんな話をポツポツしていくと、じわじわ変わっていくのではないかと思うんですよね。

核となる質問

ブラザー工業社長　小池利和《こいけとしかず》

「どうしてミシン製造会社であるブラザー工業がプリンターやファクスやカラオケを作ることができたのか。蛇の目、リッカーなどは無理だったのに」

〈会社プロフィール〉

一九〇八年、「安井ミシン商会」として創業したブラザー。戦後の復興から経済成長へ、ミシンは家計を助ける内職の道具として嫁入り道具の必需品に。これによってブラザー工業は売り上げを伸ばし、家庭用ミシンのトップブランドに成長した。

その後ミシンで培ったモーターの技術を応用し、五六年、扇風機の生産を開始。これを機にブラザー工業は、今まで扱っていなかった家電製品の分野に進出。七〇年には売り上げの二〇％を超える大きな収益の柱となった。

さらにタイプライターやプリンター、ファクス、通信カラオケなどの分野に進出。売り上げ構成を見てみると、家庭用ミシンはわずか六％。情報通信機器を中心に四つの事業から収益を上げ、世界四四の国と地域に進出し、売り上げの七割を海外で得ているグローバル企業なのだ。若き日にアメリカで奮闘、グローバル化を加速した小池利和は二〇〇七年、社長に就任した。

ブラザー工業の資料を読んで、現代企業がサバイバルするために払っている努力について、わたしたちがいかに何も知らないかを痛感した。ブラザー工業といえばミシンで、創業一〇〇年を超える老舗企業、その程度の予備知識しかなかった。だが、現在、ブラザー工業においてミシン事業の売り上げは全体のわずか一〇％しかない。ブラザー工業は、ある時期から、プリンター、ファクス、通信カラオケなど、新規事業としての情報通信機器市場に進出し、かつグローバル展開することでサバイバルしてきた。核となる質問はすぐに見つかった。

「どうしてミシン製造会社であるブラザー工業がプリンターやファクスやカラオケを作ることができたのか。蛇の目、リッカーなどは無理だったのに」

ブラザー工業には「チャレンジすることは善」という企業風土がある。そして、創業一〇〇年を超える老舗企業の場合、ほぼ間違いなく、「創業者の理念」が脈々と受け継がれ、企業文化を形づくる。ブラザー工業の前身会社は、一九〇八年に、安井兼吉（「ブラザー工業」の創業者は長男の安井正義）によって誕生した。その後、正義が跡を継ぎ、安井家の兄弟が協力し合って事業を進めたので、「安井ミシン兄弟商会」という名称を経て、今の「ブラザー工業」が生まれる。当初は、輸入ミシンの修理・部品の製造を行っていた。しばらくして自力開発・生産をはじめるのだが、ミシンの工業化は当時の金で一五〇万円、現在価格に直すと一〇億円もかかるということで、まず製造機械から作ろうとした。

「挑戦は善」という企業風土は、そうやって発芽した。一九三四年、ブラザー工業の前身である「日本ミシン製造株式会社」が設立されるが、すでに、「輸入産業を輸出産業にする」という文言が設立の趣意書に盛り込まれていた。当時は、アメリカのシンガーミシンが国内市場を独占していたが、安井ブラザーズは、果敢な挑戦を止めることなく、わずかその五〇年後に、やがて全米シェアナンバーワンとなるファクシミリを開発するのである。

【想定質問メモ】　ブラザー工業　小池利和氏

最初の口上：
ブラザー工業と言えばミシンだが、現在ミシン事業の売り上げは全体の一〇％にすぎない。ブラザー工業は、プリンター、ファクス、通信カラオケなど、新規事業としての情報通信機器市場に進出し、かつグローバル展開することでサバイバルしてきて、今後もその戦略は変わらないという。
しかし、ミシンと、プリンターやファクスは違う。今夜は、ミシンメーカーだったブラザー工業がどうやってプリンターやファクスを作ることができたのかという、単純で重要な疑問を、小池さんに解き明かしていただく。

●チャレンジすることは善、という企業風土・文化。
●一九八二年に、もともと何をしに、何歳で、アメリカに行ったのか。プリンターを売るため。
●日本人社員は何人いたのか。
●普通、アメリカに一人でいる若造社員が、日本の本社に意見を具申して、聞いてもらえることは少ないのでは。
●アメリカに二三年もいた社員が社長になる会社も少ないのでは。
●保守的な企業は、海外駐在員の意見を重要視しない。戦前の旧日本軍はアメリカ赴任者の「GDPが五〇倍なので負ける」という意見を「軟弱者」と切り捨てた。
●小池さんは二三年もアメリカにいて、ブラザー工業以外の企業風土を知らない。たとえばブラザー工業のように「新規事業へのチャレンジこそ最優先」という企業文化があれば、オリンパスや大王製紙の事件は起こらない。コンプライアンスシステムも重要だが、企業文化とポリシーも大切。
●「ニューメディアを使って何か新規事業を考えろ」↑なんと乱暴な指令。
●TAKERU（※）の開発者も先進的。「失敗と言えるかもしれない」↑完全な失敗。

※ブラザー工業が一九八〇年代に開発した、世界初の、通信機能を使ったゲームソフトの自動販売機。電話回線でゲームソフトのデータを送信、客のフロッピーディスクに書き込むというダウンロードのサービスだった。データの送信に時間がかかりすぎるなどの理由で失敗に終わったが、これが後の世界初の通信カラオケの開発につながった。

●ただ、TAKERUも通信カラオケも、言ってみれば「クラウドコンピューター」。
●普通、このくらい歴史がある成功企業だと創業者の「自伝」とかあるものだが、これだけ資料が少ないのも珍しい。

●「集中と選択は間違っている」↑ブラザー工業にとっては、という意味。ミシンだけ作っていたらとっくに潰れている。リッカー&シルバー精工など。

●「集中と選択」が必須の企業も確かにある。どちらが正しいかではなく、今や、すべての企業に当てはまる戦略はないということ。

●実際にブラザー工業も家電や楽器から撤退したことがある。

●二〇一〇年三月期売り上げ、連結約四五〇〇億円。単独約二七〇〇億円。従業員数：連結二万七三〇〇名、単独三五八二名。

●連結売り上げ四五〇〇億円の内訳：ミシン事業四四五億円（一〇％）、パソコン周辺機器三五〇〇億円、カラオケ五〇〇億円、産業機器は？

◎以下の年表を整理して紹介できないか。

●一九〇八年　安井兼吉が安井ミシン商会を創業。

●一九二六年　商号を安井ミシン兄弟商会に。

●一九二八年　麦わら帽子製造用ミシンを開発し、商標をBROTHERに。

●一九三四年　日本ミシン製造株式会社（現在のブラザー工業）を設立。「働きたい人に仕事を作る。愉快な工場を作る。輸入産業を輸出産業にする」←設立趣意書。

●一九四七年　家庭用ミシンの輸出開始。

●一九六一年　ポータブルタイプライター生産開始。

●一九六二年　社名をブラザー工業株式会社に。

●一九七一年　ドットプリンター開発。

●一九八〇年　電子オフィスタイプライターを開発。

●一九八五年　プラザ合意による円高で大打撃。

●一九八六年　パソコンソフトの自動販売機「TAKERU」を展開。

●一九八七年　レーザープリンター、ファクスを開発。

●一九九二年　三九九ドルのFAX600がヒット。通信カラオケサービスを開始。

●一九九四年　中国・深圳《しんせん》の南嶺《なんれん》工場稼働。

●二〇〇八年　創業一〇〇周年。

●(一)ミシン専業→(二)編み機やタイプライターなど多角化→(三)電子化→(四)

情報通信機器でネットワーク化。

●単純な質問：どうしてミシン製造会社であるブラザー工業がプリンターやファクスやカラオケを作ることができたのか。蛇の目、リッカーなどは無理だった。

●ファクスメーカーは世界で三〇社以上あったが最後発の参入。普通だったらやめるのでは。

●ミシンを加工する機械・部品を自分たちで作った。表面だけ硬くする焼き入れ技術を自動車のエンジンコンプレッサーに使うなど、創意工夫で作っていく。

●TAKERUの失敗が通信カラオケの開発につながる。

●就活はブラザー工業一社だけ。採用数も少なく「ここなら社長になれそう」。

●アメリカに二三年半。

●タンバリンを叩く猿にたとえる。どういう意味？

●五一歳で社長に。前々社長の安井義博氏も五〇歳で。他社と比べて若いのでは。

●安井氏：夢を実現する三つの「意」。→創意・熱意・誠意。

●課題ははっきりしている。新規事業とグローバル化。

●ずば抜けた技術に頼るよりも一定の技術力を組み合わせた商品開発が得意。

●創造性とは、組み合わせ。何度も登場する『アポロ13』の逸話。

●安井氏：開発型企業として生き残るために、素材、部品、情報など既存のものを組み合わせて新しい価値を生み出す「創造」が必要。決まったものを組み立てる「製造」には活路はない。
●スティール・パートナーズが「選択と集中」を具申したが拒んだ。どうして？

【実際の収録からの抜粋】

「核となる質問」と小池氏の答え1

村上　今はブラザー工業が情報通信機器も作られているのは当たり前になっているので、皆さんはあえてそういう疑問を持たないかもしれないけど、もともとミシンを作っていた会社がプリンターやファクスを作るというのは、普通じゃないですよね。

小池　実はなぜ工作機械をやっているかというのもユニークなところで、創業者の方たちがミシンの部品を加工するのに、やはり工作機械がいります。どうしても工作機械が欲しい。だけど資金的に余裕がないので、そのミシンの部品を加工する工作機械ですら自分で作っちゃうというところがありました。それが進化に進化を重ねて、今の小型の工作機械にまで進化して、売り上げの一〇％に近い大きな事業になってきている。それに加えて、欧米の人たちから、「こんなもの作らないか」といろいろ話があったことに対して、果敢にチャレンジしてできたものがタイプライターであり、ドットプリンターで、メカトロニクスという形でその商品を徐々に電子化していったという形になります。

村上　自分たちで作れるものは作っちゃうという心意気と技術力というのと、もう一つは、ミシンが一家に一台あるようになり、お嫁さんに持っていったり、お母さんが欲しがったりした高度成長の需要が飽和状態になっちゃうと、その事業はある程度ストップしますよね。その次のことを考えるんですよね、ブラザー工業は。

小池　そうですね。私が一九七九年にブラザー工業に入ったのはそんなころでした。国内の訪問販売のビジネスが伸びなくなって、ミシンだけでは会社の成長が期待できないという状態でした。社内は、どちらかというと情報機器関連の事業をこれから一生懸命やろうという雰囲気でした。ちょうどドットプリンターが出て、電子タイプライターが出て、情報機器の波にこれから乗るぞ、という雰囲気が立ちこめていました。

「核となる質問」と小池氏の答え2

村上　小池さんは簡単におっしゃいますけど、ファクスの開発にしても、当時、すでにファクスを作っているメーカーはもう有名な企業ばかりです。ブラザー工業のファクスへの参入は世界で三〇社以上ある中で最後発だったらしい。キヤノンやエプソンといった電子機器の巨人たちが作っている世界にそんなに遅く参入して、ブラザー工業という会社は何とかなると思っちゃうんですか。

小池　ファクス事業については、もう何世代ものモデルを作ってみな失敗していたんです。で、もう一回失敗したらもうあきらめるぞ、と言われていたんですよ。そんなときに私はアメリカにいたわけですが、ちょうどアメリカではオフィススーパーストアと呼ばれている、とにかくオフィスで必要なもの、たとえば鉛筆、家具、ファイル、パソコン、ファクス、プリンターなど、そこへ行けば何でも手に入るというコンセプトの店が勃興し始めていて、全米で三〇〇〇軒も店があるようなチャネルだったんですね。我々はタイプライターやプリンターで、彼らと一緒にビジネスをして成長してきたんです。ですか

ら、そのバイヤーの人たちがどんな商品を求めているのかを常にお聞きしながらやっていました。それで最後のチャンスのときも、バイヤーの人が、ファクスをやるなら三九九ドルならウチの棚に載せてやるよ、と言われたんです。そうすると、崖っぷちにいたわけですから、皆で三九九ドルになるように頑張るという話になるわけです。

「核となる質問」から派生した質問と小池氏の答え

村上　でもミシンでは圧倒的に強かったわけですし、ある程度利益も上がっていた。成功体験にあぐらをかかないで、次のことに取り掛かるというのは難しいことだと思うんです。「これで成功してきたのに、なんで他にいくんだ」というのは社内になかったんですか。

小池　ただ、私のような新入社員でもね、ちょっとこのまま今のビジネスだけに頼っていたら、どうもこの会社に定年までいるのは難しいなとは思っていたんです。海外での可能性を探ったり、何かのきっかけをつかんで情報機器の方向に舵取りをしないと、たぶん一〇年、二〇年の間に、この会社はひょっとしたら、あまり夢のない、伸びのない会社になっちゃうんじゃないかなという危惧は、我々新入社員でも持ってました。

「時系列と空間軸の変化」に注目した質問と小池氏の答え

村上　僕が非常に興味を持ったのは、一九三四年の設立趣意書で、「輸入産業を輸出産業にする」とあるんです。これはグローバリズムですよね。だからその歴史の最初のほうから、多角化や新規事業への参入といったことが頭の中にあるような気がするんです。

小池　そうですね。私もこの創業者の方々の作られた趣意書というのを、いつも感激して読んでいます。「働きたい人に仕事を作る」「愉快な工場を作る」、そして当時輸入産業であったミシンを輸出産業に変える、と。昭和の初期には足踏みのミシンを使って洋裁をするということがありました。当時ミシンは貴重品で、しかも残念ながら外国製だったので、創業者の方々がそれを輸出産業にするということで、昭和七年に生産を開始して、輸出を開始したのは昭和二三年ですから、だいぶかかっているのですが、そういう熱い思いを趣意書に書いてそれを実現されたということなんですね。創業者の方々が大きな信念、夢を持って、長い間をかけて実現されたということなんですね。

村上　戦前、軍国主義の足音が聞こえてくるような時代に、こういう民主的かつグローバルな趣意書を作られたというのは、驚くべき先見性、合理性だったと思うんです。その後ブラザー工業はいろいろな新規事業を開拓していくわけですが、単に技術だけではなく、そういう哲学、ポリシー、企業文化のようなものも大きかったと思うのですが。

小池　あると思いますね。趣意書に反映されているような企業文化が、家庭的な雰囲気であったり、わりと自由闊達の雰囲気であったり、そういった風土を作っているのは間違いないと思います。

実践編4

なぜその人だけが

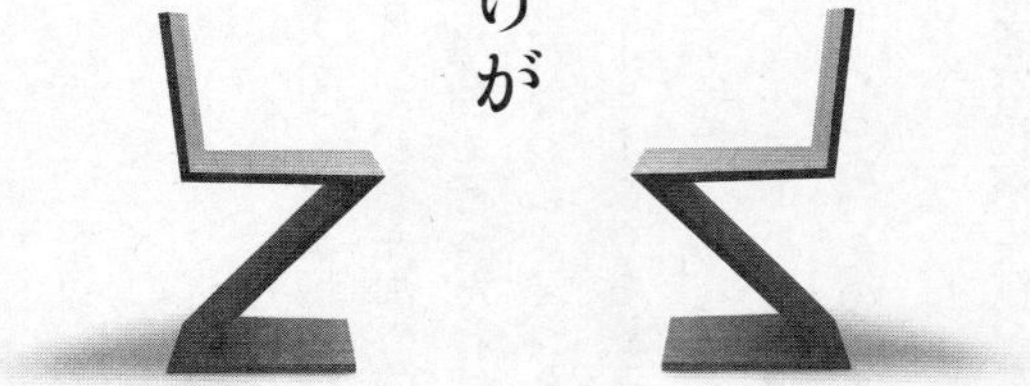

コーヒーの「ドトール」創業者であり、現在は名誉会長の鳥羽博道氏は、若くして飲食業界に入り、その後コーヒーにかかわるようになって、まだ海外旅行が一般的ではなかった時代、ヨーロッパに視察旅行に出かける。単独で行ったわけではない。喫茶店経営など、コーヒー事業関係者、約一〇〇名以上がいっしょだったらしい。鳥羽氏は、パリのカフェで、フランス人が朝の出勤前にコーヒーを立ち飲みしているのを見て、「日本でも立ち飲みをやったら面白いかもしれない」という閃きを得る。そして、一九八〇年に、セルフサービスで、立ち飲みの「ドトールコーヒーショップ」が誕生する。現在「ドトール」には全店舗に座席が設けられているが、そのころは、ヨーロッパ式の立ち飲みスタイルとして、一世を風靡した。

わたしが疑問に思ったのは、「一〇〇人以上の関係者が視察に行ったのに、立ち飲みのコーヒー店を見て、鳥羽氏だけが『これだ』とピンと来たのはなぜか」ということだった。鳥羽氏には「カンブリア宮殿」がはじまったばかりのころ、出演していただいて（本書には未収録）、当然わたしはそのことを聞いた。鳥羽氏は、「さあ、どうしてでしょうね。確かに、コーヒー関係の人ばかり一〇〇人以上いっしょだったんですけどね」と、そんな返事だった。おそらく、本人にはわからないのかもしれない。

わたしたちは情報をいろいろなメディアから受けとっている。ニュースなどで、たとえば「不登校の生徒」について、数え切れない人がその情報を得ているわけだが、「数十万人の中学生が一斉に不登校になったらどうなるのだろう」と想像し、小説にしたのは、知る限り、わたし一人だった。自慢しているわけではないし、何か小説のネタはないかと常に注意を払い、アンテナを張っているわけでもない。ただ、自分の中でスイッチが入り、何かが閃くのだ。おそらく、無自覚な「飢え」があるのだと思う。山の中に入って、道に迷い、飢えに襲われたとき、何か食べられるものはないか、おそらく必死で探す。同じように山に入っても、お弁当を持ってのピクニックだったら、食べものをあえて探す人はいないだろう。必要な情報に飢えていなければ、出合ったときに、そのことに気づくことはできない。

核となる質問

スターバックス・コーポレーション会長兼CEO

ハワード・シュルツ

「イタリア旅行をして、エスプレッソ・バーでエスプレッソを飲んだアメリカ人は何百万人もいただろうが、ハワード・シュルツは一人しかいない。何が違うのか」

〈会社プロフィール〉

日本には一九九六年に上陸したスターバックスの創業は一九七一年。当時は三店舗だけのコーヒー豆販売店だった。ハワード・シュルツはゼロックスなどを経て二九歳でスターバックスへ。二年後、イタリア出張で立ち寄ったエスプレッソ・バーで客が自分の家のようにカフェを利用する光景に遭遇。これがアメリカのコーヒー文化を変えた。以来、拡大路線を歩むが、二一世紀に入ると競争が激化。二〇〇八年には赤字に陥った。

――シュルツは六〇〇店を閉鎖し、店づくりを変えるなど改革に乗り出す。さまざまな試みが功を奏し業績はV字回復。一一年度は過去最高の一一七億ドルを売り上げた。今や六〇の国と地域で展開する、世界最大のコーヒーショップとなった。

「カンブリア宮殿」最初の外国企業だった。ハワード・シュルツ氏の資料を読んで、まず驚いたのは、その飽くなきパワーで、とくに事業拡大のための資金集めのエピソードは想像を絶するものだった。分厚い「自伝」の約三割が、資金集めの苦労の記述に充てられていた。シュルツ氏は、「スターバックス」経営のために、前職を辞し、東海岸からシアトルに移ってくる。「スターバックス」のオリジナル店は、「南欧式の焙煎コーヒーを、好きな人のためだけに趣味的に提供する」というようなものだった。その店を引き継ぎ、しだいに店舗数を増やし、事業を拡大していくのだが、ネックとなったのは「資金集め」だった。当時は、インターネットの黎明期で、投資先としてはITに人気が集中していた。

シュルツ氏の資金集めは困難を極める。「想像を絶する」というのは、ユニークで、途方もない方法という意味ではない。とにかく毎日、朝から晩まで、投資家を訪ねて、「スターバックス」の可能性について語るのだ。ほとんどの投資家から「コーヒー店？

何だそれは」と一蹴されるのだが、シュルツ氏はあきらめなかった。これまでの業績を示し、今後の拡大戦略を説明し、何十回と足を運び、違う担当が出てきたら、また最初から丁寧に語りかける。当然、こんなことは絶対に無理だ、自分にはできない、と思ったのだが、そのとき、大切なことに気づいた。困難な資金集めは、結果的に、その経営者のモチベーションを試しているのではないかということだ。

「カンブリア宮殿」に登場するのは成功者ばかりだが、ほとんどすべての経営者が資金難に直面している。オイシックス（本書には未収録）の髙島宏平氏は、ネットバブル崩壊のまっただ中で会社を立ち上げたために、銀行からも、投資家からも相手にされず、「人格まで否定されたような気がした」と述懐していた。

核となる質問は、「ドトール」の鳥羽氏のことを思い出して、考えた。

「イタリア旅行をして、エスプレッソ・バーでエスプレッソを飲んだアメリカ人は何百万人もいただろうが、ハワード・シュルツは一人しかいない。何が違うのか」

「スターバックス」は、ハリウッド映画やブロードウェー・ミュージカル、ジャズとロック、それにカリフォルニア・ワインなどと同様に、「新世界の文化」として歴史に残るかもしれない。新大陸のアメリカでは、旧世界・欧州の文化を受け継いで、独自に進化、発展させ、新しいものを数多く生み出した。カリフォルニア・ワインが、ボルドーともブルゴーニュとも違う魅力があるように、スターバックスのコーヒーは南欧オリジナルのエスプレッソやカフェオレとは別のものだ。新しい文化は、困難の中で鍛えられ、洗練と成熟を果たす。

【想定質問メモ】　スターバックス　ハワード・シュルツ氏

（資料が膨大で、初の海外ゲストだったので「構成案」も併せてメモした）

◎構成案

■総論・はじめに

■創生期

■成熟期

■低迷期と再生

■将来

●Pour Your Heart Into It.→ONWARD（前方へ）
●睡眠時間は？　●スポーツは？　●他の健康管理は？
●高校時代のフットボールではどんなクォーターバックだった？
●キーワードは「新世界のコーヒー、新しいアメリカ」。
●イタリア旅行をして、エスプレッソ・バーでエスプレッソを飲むアメリカ人は何百万人もいるだろうが、ハワード・シュルツは一人しかいない。何が違うのか。
●存在するものを見て「なぜそうなのか」、存在しないものを想像して「なぜないのか」。
●チャンスとは誰でも出合っている、つかまなかっただけだ（バーナード・ショーの言葉：ロバート・ケネディが好んで引用した）。
●情報に対する飢えがアンテナを敏感にする。
●ぼくはものすごくおいしいものを食べたときに、家族や友人にも食べさせたいと思う。そんなのは人間だけ。動物（雄ライオンとレバー）は自分だけで食べる。
●食料と直立二足歩行。空いた手で、獲物や穀物を運べた。
●自分がいいと思ったものを他の人にも伝えたい、味わわせたい、という強烈な思いが、正当なビジネスを生み、文学や芸術作品を生む。

●スターバックスの発展を支えている価値観はすべて、ブルックリンの共同住宅に根ざしている。

●生い立ちが貧しければ貧しいほど想像力を働かせて、あらゆることが可能な世界を夢想するようになる。

●弱点かもしれないが、いつも次に何をやるべきかを考えずにはいられない。

●幸運とは計画の副産物だ。

●スターバックスはコーヒーという「食品」ではなく「文化」を売った。それはそれまでのアメリカにはない、非アメリカ的な文化だった。

●人々の腹を満たしているのではない、精神を満たしているのだ。

●週二〇時間以上勤務のパート従業員を含む全社員に健康保険を。

●自社株購入権。ビーンストック（※）。社員ではなく「パートナー」。

※スターバックスのストックオプション制度のこと。スターバックスは株式を公開していなかったにもかかわらずストックオプション制度を導入した。対象は経営トップからバリスタに至る全社員で、それぞれの基本給に応じて自社株購入権が与えられた。

●全パートナーに対し、基本給の一二％に相当するストックオプションが。

●スターバックスを「父に働いてほしかったと思えるような」会社にしたかった。

高校も出ていない父は重役にはなれないだろうが、自分の価値を認めてくれなかった会社に不満を抱いたまま辞めるようなことはなかった。健康保険やストックオプションなどの特典もあり、意見や苦情を申し出れば丁寧な返事が返ってくる職場で働けた。

●損失が出るほうが健全な場合がある。成熟しきった老舗企業では損失は危険な兆候だが、創業まもないベンチャー企業の場合、将来の発展に向けて先行投資を行っているという意味で、健全さの証しともなり得る。

●企業が倒産したり伸び悩むのは、ほとんどの場合、必要な人材、システム、手順への投資を怠るためである。

●企業は、創生期と、成長・成熟期では戦略が違う。経営者が代わるケースもある。スターバックスが急成長していく過程で、経営戦略に変化はあったのか。

●というか、スターバックス成長の歴史は、さまざまな人との出会いと共同作業の歴史。中には、権限を奪われるかもしれないような、すごいキャリアの持ち主もいる。

●どうやって、この人はスターバックスに必要だと、判断するのか。

●直観だと言うが、直観は膨大なデータベースから無意識に浮かび上がるものを指す。
●ノンファットミルク。おいしいコーヒーを啓蒙するのか、顧客の要望を優先するのか。
●株式上場：その光と影。
●急成長は犠牲を伴う。「ブランドに傷をつけずにどこまで会社を大きくできるのか」「過去の遺産に頼らず新機軸を打ち出すにはどうすればいいか」「経営の専門家集団を組織しても起業家精神を失わないためにどうすべきか」「短期的な問題が続出する中、どうすれば長期計画を推し進められるのか」
●経営者は、ロマンチストとリアリストの両面が必要。どうバランスをとっているか。
●夢想家→起業家→経営のプロ→指導者。夢想家をやめてはならない。
●理想的な経営者、リーダーの資質とは。
●仙台で、店長たちにどんなことを伝えるつもりか。
●日本は、財政赤字が大きく、政治が安定せず、二〇一一年は未曾有の災害に見舞われた。個々の個人、個別の企業は、奮闘しているが、全体としては衰退に向かっているという人もいる。アメリカも、ＩＴと金融に特化して、国内製造業が弱体化し、以前のような勢いがない。EUも債務危機が解決していない。比べて、中国、インド、ロシア、ブラジルなどの新興国に勢いがある。

●日本経済、アメリカ経済をどう見ているのか。

●企業家を夢見る若者たちは、スターバックスとシュルツ氏の、どこに注目し、何を学べばいいのだろう。

【実際の収録からの抜粋】

「核となる質問」とシュルツ氏の答え

村上　イタリアのバールでエスプレッソを飲んだアメリカ人は、何百万人もいると思うのですが、ハワード・シュルツ氏は一人しかいないじゃないですか。何が違ったのでしょう。

シュルツ　まず私はとてもついていました。それ以外に何かあるとすれば、私はいつも物事に対して直観力を持っていました。好奇心が旺盛で、他の人が見ないものを見ようとしていました。そして企業家の燃えるような感覚を持っていました。若いころから自分のやりたいことをやっていましたが、まさかこんなことになるなんて夢にも思いませんでした。つまり、スターバックスが世界六〇カ国に一万七〇〇〇店舗以上を持ち、週に七〇〇〇万人のお客さんと二万人の従業員を持つことになるなんて。

「核となる質問」から派生した質問とシュルツ氏の答え 1

村上　シュルツさんが本の中で紹介している言葉があります。バーナード・ショーの言葉で、ロバート・ケネディがよく引用したらしいのですが、「チャンスというのは誰でも出合っているもので、チャンスがないという人は、それをつかまなかっただけだ」。イタリアでのエスプレッソとの出合いとスターバックスの誕生というのは、まさにそういう物語ですよね？

シュルツ　それはとても複雑な質問ですね。できるだけ答えてみましょう。私たちのうちの誰もが、アメリカ人でも日本人でも、中国人でもみな、子ども時代の体験を持っています。それがその後の私たちを作っています。私はとても貧しい子どもとして育ちました。両親にはお金がなかったし、財産もありませんでした。振り返ってみると、貧しい子どもだという恥の感覚がありました。ほかの子どもたちが持っていなかったものです。その恥ずかしさに駆り立てられて、何かを作り、成功を収めるところまで駆け上がったのです。それに加えて、私は違った趣向の会社を作りたいと思っていました。それは良心と魂を持った会社です。ですから、スターバックスがアメリカで初めて、すべての従業員に健康保険を与えたというのは、偶然ではありません。それは一般の企業では利益になりません。ただ、確かに二〇一一年、企業のCEOとして、かなり公に話をしてきました。ワシントンの政治のリーダーシップに疑問を投げかけました。そのときに言ったのは、私には、彼らが国を正しい方向に導いているとは思えない。彼らが導いているのは、自分たちのイデオロギーの島、自らの利益の島だからです。そしてアメリカの国民は、後に取り残されてしまっていると思いました。だから私はほかの企業のリーダーたちに、私たちにこそ責任があり、ワシントンが今やらないことを我々がやらねばならないと、気づいてほしかったのです。

「核となる質問」から派生した質問とシュルツ氏の答え2

村上　シュルツさんもそうですが、チャンスをつかんで成功する人というのは、自分が良いと思ったことを他の人にも伝えたいという、強烈な思いがあるような気がするんですけど、それはどうですか？

シュルツ　その通りだと思います。人は何かの一部になりたいと思います。自分よりも大きな何かの。彼らがなりたいと思うのは、もっと希望の持てる何かの一部です。たとえば、夜家に帰ると家族や友人がいて、良い組織の一員であるという大きな誇りを分かち合うでしょう。それが重要だと思います。今の世界を見てください。世界経済はいろいろなやり方で、ひどい形をとっています。あまり良質なところや美点がありません。人々は何をやろうが気にしません。もし人がその組織の一部、チームの一員であることを愛し、責任を共有し、世界を共有すれば、おそらく私たちは違った結果を得ると思います。リーダーの責任とは、そのような感情を持つことだと私は思います。

「時系列と空間軸の変化」に注目した質問とシュルツ氏の答え

村上　シュルツさんは会社が急成長することには矛盾をはらむとおっしゃっていま

す。ブランドを傷つけずに会社を大きくすることができるのか、過去の遺産に頼らずにどうやって新しいことをやっていくのか、人を集めてもアントレプレナーの精神を守れるのか……。それらの問題を解決していく過程で、一番重要なのは何だったのでしょうか。

シュルツ　最初に、アントレプレナーであることが成功の理由になるわけではありません。アントレプレナーであることと成功することの間につながりはありません。成長についての質問ですが、成長は麻薬のようなものです。非常にとりつかれやすく、長期的には、成長と成功がミスを覆い隠してしまいます。アントレプレナーにとって、会社を成長させることの課題は、投資を確実にすることとです。人、システム、サプライチェーン、IT。これらすべてに投資がなされているか。それらの投資は成長する前に行われなければなりません。成長で膨らんでいくと、ゴムバンドのようにどんどん伸びてしまい、いつか切れてしまいます。そういうケースはたくさんあります。私が学んだのは、さまざまなことを確認しなければならないということです。一種の規律です。それによって、成長が戦略になることを防ぐことができます。成長は戦略ではありません。成長は戦略の結果生まれるものです。また外部の立場にいてはいけません。株主、投資家、オーナー。いかなる者も成長の方法を決め付けることがないよう、監視しなければなりません。そして周りに人を置くならば、以前にそのような経験をした人、知恵を与えてくれる人がいいでしょう。そうすることでミスを防げます。

核となる質問

セブン＆アイ・ホールディングス会長兼CEO
鈴木敏文《すずきとしふみ》

「売り手市場から買い手市場へという流れに
どうやって気づいたのか」

〈会社プロフィール〉

日本の近代小売業の歴史は、セブン－イレブンによるイノベーションの歴史といえる。

鈴木敏文が、一九七四年に日本で初めてのコンビニエンスストア「セブン－イレブン」一号店を江東区にオープンしてから三九年。コンビニおにぎり、共同配送、公共料金収納サービスまで、いま業界の常識となっていることの多くは、鈴木が日本で初めて編み出したものだ。

現在セブン‐イレブンは全国に一万五〇〇〇店、売り上げは三兆五〇〇〇億円を超える断トツの巨大チェーンになった。またセブン&アイはスーパーや銀行、百貨店、そしてセブン‐イレブンの本家アメリカのサウスランド社までをも傘下に、総売り上げ九兆八〇〇〇億円の巨大流通グループを率いている。

今や、コンビニはどこにでもある。だが、以前は存在しなかった。今、コンビニが日常と化したので、わたしたちはその事実を忘れがちだ。日本で最初のコンビニが誕生したのはいつで、どの店か、というのは諸説あるらしい。

「セブン‐イレブン」の一号店は、「酒屋」からの衣替えで、一九七四年に誕生した。そのときの風景や時代状況を想像するのは簡単ではない。注意しなければいけないのは、わたしたちは、駅周辺にコンビニが林立する現代の感覚で、「セブン‐イレブン」について、つい考えてしまいがち、ということだ。まるで、春になると自然に大地に草花が咲き広がっていくように、コンビニが日本中に広がっていったと勘違いしやすい。

事実上「セブン‐イレブン」を日本で創業し、店舗展開していったのは、現会長である鈴木敏文氏である。コンビニの普及を「ごく自然のこと」と考えると、鈴木氏を単に「流通の天才・経営の申し子・超優等生」ととらえてしまい、本質が見えなくなる。わたし自身も驚いたのだが、鈴木氏は、大手の出版取次会社である「東販（現在は「株式会社トーハン」）」が発行する「新刊ニュース」という小冊子の編集者として、社会人のスタートを切った。三〇歳の頃、テレビ番組を制作する独立プロダクションを設立する話が持ち上がり、スポンサー候補として「イトーヨーカ堂」を訪問。独立プロをつくれるということで転職した。ところが、入社してすぐに会社にはその気がないことがわかったものの、「イトーヨーカ堂」に留まることになる。

入りたくて入った会社ではないので、出世、評判、収入、世間体など、「会社にしがみつく」必要がなく、「新しいことへの挑戦」が人生のテーマとなった。「流通の天才・経営の超優等生」と呼ばれるようになる鈴木氏は、実は、所属する世界が自分に「そぐわない」という意識を持つ「異邦人」として出発したのだ。異邦人は、自分が属する組織や、その組織が運営する事業を、まるで第三者のように客観的に、また俯瞰的に見る。そして、やがて日本初の本格的なコンビニチェーンを立ち上げるための、苦闘が開始される。

核となる質問は、鈴木氏が「異邦人」であるということを前提に考えた。

「売り手市場から買い手市場へという流れにどうやって気づいたのか」

「作れば売れる。店頭に並べれば売れる」時代は、終焉を迎えつつあったが、高度成長時に小売りの世界にいた人たちは、そのことになかなか気づくことができなかった。

わたしは、今でも「セブン‐イレブン」のおにぎりがどう包装されているのか、よくわからない。これはまるで手品だ、こんなことを考えつき、実現できるのは日本人だけではないかといつも思う。単におにぎりを海苔で巻くのではなく、客が自分で海苔巻きおにぎりを作るように、包装されている。あれは、簡単に生まれたものではない。「買い手市場」という大原則に気づいた「セブン‐イレブン」だから可能だったのである。

【想定質問メモ】　セブン&アイ・ホールディングス　鈴木敏文氏

■前半のテーマ：「異邦人」としての鈴木氏の外部の視線。
■後半のテーマ：消費の本質と未来・小売りは消費者を啓蒙できるか。

■鈴木氏個人史

●一〇〇メートル：一一秒八!!

●東販で学んだ統計学と心理学：経営の基礎。経済学＋心理学。

●面倒見のいい父親。夜遅くまで誰彼となく話し相談に乗る。

●極度の上がり症。

●労組書記長体験。

●幹部社員全員が新入社員採用にかかわる。

●一九六〇年代に↓セルフチェック制度と自己申告制度。社内資格制度。週休二日。退職金算定を平均給与方式に。

●組合費と専従を抑える。

●仕事量が多くても安易に人を増やさない。

■鈴木敏文氏の「特殊性」あるいは「普遍性」

●東販就職も、学生運動で新聞社などに落ちたから。イトーヨーカ堂も、独立プロダクションの出資候補として就職したが、話は立ち消えになり、そのまま勤めることに。

●「流通の天才・経営の申し子・超優等生」は実は「変わり種」。↓入りたくて入ったわけではないから会社にしがみつかず挑戦することで誕生。雇用、出世、評判、収入、世間体。

●所属する世界に自分が「そぐわない」という意識。よそ者、異邦人、非主流、という感覚が危機感と主体性と挑戦者意識を生むのでは？

●競争相手は競合他社ではなく顧客のニーズそのもの。勝利はない。常に挑戦しなければ。

■ホームセンター立ち上げに際して

●ホームセンター出身の中途社員募集なし。

●東販で最初に「新刊ニュース」の編集にかかわったのは象徴的であり、今でも名編集者。編集（作家も自分で行う）は、読み手の立場に立って客観的に、コンテンツ（執筆者）を選び、配置し、成功例にとらわれず、考え抜いて行う。ホームセンターというコンテンツを、業績不振店となっていた東京都下のイトーヨーカドーに配置した。

●アイデアは「組み合わせ」「編集」。まったく新しいことはなかなかできない。発明王のエジソンでもやったことは組み合わせ。既存のものを、REPLACE・導入して置き換える。

■セブン-イレブン誕生→苦闘

●米国セブン-イレブンは日本進出に興味なし。
●契約決裂寸前・本社での不評で強気に。
●大型スーパーの不人気。
●マーケティング&商品政策&物流の、米本社からのノウハウなし。
●一号店は酒屋・在庫の山・高密度多店舗出店。
●山崎製パンの正月製造開始・一〇〇店開店記念式典での涙。
●問屋の特約制度・買い手市場時代&牛乳の共同配送。
●おにぎり&デイリー商品開発・赤飯を「蒸す」。
●発注システム・半額の機種コスト・半年の開発期間・五〇〇台一挙投入。
●販売データ：POS（販売時点情報管理：Point of sale system）は手段。自分でさまざまな条件を考える。

●徹底した外部委託。効率化と低コストより自前組織の余裕なし。
●設立六年の上場。財務基盤を整える。
●週一のOFC（店舗経営相談員）会議二〇〇〇人。
●コンビニを一言で。→初期のCM「開いててよかった」
●「パスポートとビザがコンビニで取れる」という嘘を信じた男。
●コンビニと宅配便：流通と小売りの真の革命。
●少し、消費者を「甘やかしすぎ」ではないのか。
●売り手市場から買い手市場へという流れにどうやって気づいたのか？

■鈴木敏文氏の真骨頂

●顧客のためではなく「顧客の立場で」考えると利益は後でついてくる。
●みんなが反対することが成功。競争がない。
●顧客自身が生活の合理化を図る。顧客のニーズをとらえるには女性の視点が不可欠。
●外部の視線をどうやってキープするのか。そもそも外部からの「侵入者」でないと無理なのでは。顧客の立場（外部の視線と想像力）でという大原則。

●どうすれば顧客の立場に立って考えることができるのか。
●「荒天に準備せよ」。一〇〇年に一度の危機、に対応した「破壊&変化」
●変化するにはエネルギーがいる。何かを破壊しないと変化の必要性が示せない。

■イトーヨーカ堂の「業革」(ダイエーとの違い)
●八一年中間期初めての減益:(半年前に三越を抜き小売り経常利益一位)。
●ワイシャツで発見:外部要因ではなく構造問題。
●在庫ロスを三分の一に減らせば利益は倍増する。
●業革スタート:組織改革・過剰な通達・組織のマンネリ化。
●社員約一万三〇〇〇人中四五〇〇人の大人事異動。
●コミュニケーションに金をかける。店長会議・会社全体の方針・事業部間にまたがるマネジメント指導&確認・シーズン&月間&週間の販売計画と商品。
●役職重視から資格重視へ。
●商品部→店舗という一方通行の情報&商品の流れに「スーパーバイザー」を入れる。
●売り上げ至上主義から利益重視主義へ。

●「死に筋」排除の徹底&売れ筋へのアイテム絞り込み。
●なぜ死に筋になるかを考える。商品が悪い？　値段が高い？　鮮度がよくない？　売り方が悪い？
●ボトムアップの地域主義。
●フレンドリーな接客サービス。ネット&テレビの活用。
●昔の個人商店の客との温かな関係。顔見知り同士の自己確認の場。

■日米逆転：サウスランド社救済（※1）
●物流センターを売却・物流機能を外部委託。
●配送機能を持ったメーカーにルートセールスの一掃。
●「発注こそ店の特権」。現場主義。
●株式の七〇%を取得、でもM&Aと呼ばない。「戦略的同盟」で通す。
●日本流をそのまま導入するのではなく、「あるべき姿」を追究。

※1　サウスランド社はアメリカでセブン-イレブンを経営。日本のセブン-イレブンは同社とライセンス契約することで生まれた。一九九一年に経営破綻。イトーヨーカ堂の傘下に入り、二〇〇五年にはセブン&アイグループの完全子会社に。

■消費者の時代

●金がないのではなく、欲しい商品がない。
●飽食時代の消費者は心理で動く。
●顧客のため、ではなく「顧客の立場で」考える。
●チームMD・オリジナルブランドの確立。
●チャーハン事件(※2)：料理家研修プロジェクト。

※2　セブン-イレブンの新作のチャーハンを試食した鈴木が「これはチャーハンではない」と評したため、新たに調理用の機械を導入して一年半をかけて作り直した。

●食品安全の徹底。
●冷やし中華：人の五感と数値データの併用。
●決済銀行構想：失敗しても決定的なダメージはないという線引きをした上で挑戦し、責任はトップがとる。
●新銀行：八〇〇万円のATMを二〇〇万円で開発。一年目から都銀一行分の半数以上の台数を設置。北海道全域に約三〇〇台を一斉稼働。
●三年目に黒字化・強いニーズがある以上必ず成立。
●中国進出：中国人に日本式の挨拶を教える。

●顧客の立場に立つという国際的原則。

■鈴木氏の心情

●経団連&経済戦略会議：委員の意識の共有を提言。

●経営責任より、不安心理が消費の足を引っぱるのを考慮すべき。

●HBS（ハーバード・ビジネス・スクール）とケンブリッジで講演「消費は経済学ではなく心理学」

●一歩先の未来から今何をするか考える。ブレイクスルー思考。

●毎日が瀬戸際・一日一日を精いっぱい生きる。

■消費者論&日本経済論

「消費は経済学ではなく心理学」

●消費は飽和だが欲望は無限。

●成熟社会では消費者が王様、は事実だが、問題はない？

●良い点：民主主義と豊かさの成果。大衆が無知ではなくなった。賢くなった。

●問題点：情報に左右され、マスメディアの情報を鵜呑みにして、ブランドと安さだけで商品を選ぶ人が増えた。

●社会的な市民・労働者・消費者：「集団・組織」の力の低下で個人が露わになる。デモ・社会運動なし・低投票率・ノンポリの市民、働きがい、充実感なしの労働者、自己確認は消費だけ？　雑誌＝男は時計とファッション、女はファッションとバッグ＆占い＆ダイエット、エステと日焼けサロン。自己確認と自分はみじめではないという証しはブランド品。小池栄子はヴィトンが不要。

●小売りは良い意味で消費者を「市民でもある」と啓蒙できるのでは？　例：フェアトレード。

●永遠の疑問：そもそも、コンビニから百貨店まで、店が多すぎるのでは？（同質ではないので低質の店が淘汰されるだけ）

●日本経済は輸出主導から内需に転換すべきなのか。単純な内需主導などあり得ない。自動車や電機産業の労働者を介護や医療に移してもダメ。高生産性→低生産性では国力が落ちる。キーワードはアジアとの共生と、市民としての覚醒と成熟。

●「日本経済」という大きな括りで語ることで、本当に解決が見えるのか。すべて個別の企業・個人の問題ではないのか。

【実際の収録からの抜粋】

「核となる質問」の前段となる質問と鈴木氏の答え

村上　なかでも配送のシステムを整えたのは重要なポイントですね。

鈴木　たとえば牛乳なら雪印さん、明治さん、森永さん、農協牛乳さんと、それぞれのトラックで持ってきて、狭い店に少しずつ置いていかれるわけです。ですから一日に来るトラックの台数が全部で七〇台ということになってしまう。これもさんざん交渉して、混載をすることができるようになったんです。トラック一台を減らすのにも大変な努力をしないといけない。ただそうすることで、結局は売り上げが伸びて我々もやりがいを感じるし、メーカーさんもコストが下がる。あとになってからわかっていただけるんですね。

「核となる質問」と鈴木氏の答え

小池　鈴木さんにそれがわかったのは、それだけお客様の目線に立っていたということなのでしょうか。

鈴木　やはり売り手側で考えてしまったらダメなんです。うっかりすると、みんな専門家になってしまう。そうではなくて、常に素人の側、お客様の側に立つことが私は必要じゃないかと思います。もともと私は小売業の中で育ってきたわけではないから、お店を見る場合も、お客様の目線で見ることを習慣づけてきました。それによって客観的に見られるようになったのだろうと思います。

「核となる質問」から派生した質問と鈴木氏の答え

村上　よく鈴木さんがおっしゃるのは、ライバルは競合他社ではなく、刻々と変わる顧客のニーズであるということです。ライバルが競合他社だったら、そこで勝てば戦いは終わる。でもライバルがそのお客様のニーズだったら勝利もないですね。そういった鈴木さんのポリシーは、セブン‐イレブンやイトーヨーカ堂には浸透しているものですか。

鈴木　とことん浸透して日々新たに改革が進まなければいけないのですが、もう少しテンポを上げていかないといけない、と自分にも言い聞かせています。

村上　「お客様のため」ではなくて、「お客様の立場に立って」仕事をしていくんだということもおっしゃっていますね。

鈴木　お客様のためというと、どうしても自分の経験に基づいた押しつけになってし

まう場合が多いんですよ。ところがお客様の立場に立つと、自分たちでやるには抵抗のあることが多いんです。お客様が満足するということは、その抵抗を乗り越えてやっていかなければいけない。お客様はどうしてもらいたいかと考えると、たとえば配達というのがそうです。雨の日なんかは買い物に行くのも大変だ、商品を届けてもらえればいいな、と。そこでイトーヨーカ堂はネットスーパーというものをやっているのですが、ネット注文をいただくと三時間後にはきちんと商品を配達する。お客様の立場に立つとそういう行動が出てくるわけです。

村上　でもお客様の立場ということでいうと、おっしゃっているように、お客様の心理が刻々と変わりますよね。それをとらえるのは難しいのではないですか。

鈴木　だからたとえば売れないということがあったら、なぜ売れないんだというふうに考えればいいわけです。売れていたら、なぜ売れているんだというふうに考える。

村上　単純ですね。

鈴木　そんなに難しく考えなくてもいいと思うんです。

村上　でも、そこでなぜ売れないか、不景気だからじゃダメなんでしょう?

鈴木　不景気だからではダメ。人間の欲望はきりがないでしょう。常に新しいもの、珍しいものに対する欲望を持っていますよね。だから欲望がなくなる、消費がなくなるということはあり得ない。だからいかにお客様の要望に応えられるかを考え続けるということではないですか。

「時系列と空間軸の変化」に注目した質問と鈴木氏の答え

村上　つまらない質問かもしれませんが、百貨店にしてもスーパーにしてもコンビニにしても、お店が多すぎないですか。

鈴木　これは今まで消費が旺盛だったことの表れです。しかしこれからはお客様のニーズに合ったところだけが結果として残っていく。デパートがなくなることもないです。スーパーがなくなることもないです。コンビニがなくなることもない。ましてや専門店は新しいお店がこれからもどんどん出てきます。結果としてこれから店が合併したり、あるいは自らやめるような形で、だんだん整理されていくのではないでしょうか。

村上　みんなが同質ではないですもんね。

鈴木　よくコンビニが飽和状態だと言われるのですが、だけど私から見ると全然飽和状態ではないと思うんです。全部が同質だったら飽和ですよ。しかしそれぞれチェーンにはそれぞれの性格があります。問題はどのチェーンがお客様に受け入れられるかということであって、受け入れられるところがあればそこは伸びていくんです。

核となる質問

ソフトバンク社長　孫《そん》正義《まさよし》

「リーダーはビジョンを語れと言われるが、そもそもビジョンとは、何なのか」

〈会社プロフィール〉

一九七四年、一六歳の孫正義は日本の高校を中退してアメリカへ渡ると、大学受験の検定試験に合格、カリフォルニア大学バークレー校の学生となった。ここで孫は、その後の人生を決めるものと出合う。それは学生が自由に使える最先端のコンピューターシステムだった。帰国した孫は八一年、日本ソフトバンクを設立、パソコンソフトの卸業を始める。

またたく間にソフトバンクは、パソコンソフトの流通シェア五割を押さえる断トツ企業となった。その後、孫はコンピューター関連企業を次々に買収。九五年には設立されたばかりのアメリカの「Yahoo!」に目をつけ、九六年には「Yahoo! JAPAN」を開設。

日本を代表する経営者となった孫は、ITバブル崩壊後の二〇〇一年にインターネットの接続事業に進出。それが軌道に乗り始めると、今度は総額二兆円という日本史上最大の金額でボーダフォンジャパンを買収。携帯事業に参入を果たす。今やグループ企業一三〇〇社。売上高三兆四〇〇〇億円を誇る巨大企業となった。

孫正義氏は、アメリカ留学時代、i8080というコンピューターチップの拡大写真を見て、感動する。今でも、孫氏は、「人生であれほど感動したものはない」と明言する。おそらくそのコンピューターチップの拡大写真を見た人は、全世界で何百万もいただろう。だが、日本で年商三兆円超のIT企業を作ったのは、孫正義しかいない。なぜ、孫正義にはそんなことが可能だったのか。理由は、数え切れないほどあって、それぞれが複雑に絡み合い、とても一言では言えない。だが、非常に印象に残るエピソードがある。

アメリカ留学を終えた孫氏は、福岡で会社を立ち上げる。コンピューター卸の「ユニソンワールド」である。会社はトタン屋根で、社員はアルバイト二名だったと言われている。その会社で、孫正義は、ミカン箱の上に乗り、「今後、五年で売り上げ一〇〇億、一〇年で一〇〇〇億、その後は、豆腐のように、一丁（一兆）、二丁と数えたい」と豪語した。それを聞いた二名のアルバイト社員は「非現実すぎる、こんなところにいたらどうなるかわからない」と辞めていったという。

常識として考えると、辞めたアルバイト社員のほうに分がある。「この人はとんでもないほら吹きだ」と考えるほうが普通だろう。だが、わたしは、そのエピソードを聞いて、キューバのフィデル・カストロの伝説を思い出した。フィデル・カストロは、亡命先のメキシコから、チェ・ゲバラら、八二名の同志とともに、「グランマ号」というヨットに乗って、密かにキューバ西部の海岸に上陸する。だが、その情報は、独裁政権側に洩れていて、通説によると数千人の兵士に待ち伏せされていた。カストロたちは、海岸から逃れ、サトウキビ畑に身を隠した。

チェ・ゲバラは、襲撃された際に銃を放り出して逃げたが、「貴重な銃だから戻って取ってこい」とカストロに言われたそうだ。革命部隊はほとんどが銃撃で死亡し、わずか数名に減ってしまったが、そのサトウキビ畑で、カストロは演説を始めたのだそうだ。「今から、革命を開始する」

他のメンバーは、「今このサトウキビ畑も包囲されているというのにこの男はいったい何てことを言うんだ」と唖然としたらしい。だが、その数年後、カストロは独裁政権を倒し、革命を成就させる。カストロは、妄言を吐いたわけではなく、ビジョンを語ったのだった。

核となる質問は、そのカストロのエピソードを思い出して、考えた。

「リーダーはビジョンを語れと言われるが、そもそもビジョンとは、何なのか」

【想定質問メモ】　ソフトバンク　孫正義氏

■一回目の収録：孫正義&ソフトバンクの軌跡と奇跡

●前振り：ソフトバンクの事業の全体図が必要。事業をすべて把握しているのか？

●手当たり次第にITインフラを買い占めている印象があるが、こうやって俯瞰して眺めると、秩序がある気がする。

●ソフトバンクの最大の収益源は何か。携帯事業？　一契約者当たりの平均年間売上金額が約五万円×二〇〇〇万人で一兆円。どうすれば二万人の社員に給料が払えるのか。

●日本の携帯の不思議。ノキアの携帯、とは言わずNTTDoCoMoの携帯、auの携帯、という表現を。SIMロックの解除は？

●孫正義と柳井正の組み合わせは、ずるいのでは？

●リーダーはビジョンを語れと言われるが、そもそもビジョンとは、何なのか。

●アリババの経営者の迫力。

●アリババとの共同事業は送料で行き詰まるかもしれないが、いずれ利益が出るはず。まず共同で事業ができる人材&企業と組み、インフラを作る。

●どのような事業にしろ、東アジアでの展開がないとダメ。

●後継者の育成は、無理なのでは？　富と権力を持った王が不老不死の薬を探すような感じ。

年表を逆に読んでいく。iPad販売は、iPhone販売がなければできなかったかも。iPhone販売は、ボーダフォン買収がなかったらできなかったかも。

■歴史編：

★年表に付ける「孫正義語録」

●Nothing ventured, nothing gained. 何もしないことがリスクだ。

●鳥栖市五軒道路無番地・祖母の言葉「貧乏というのはね、生活が楽じゃないってことじゃなかとたい。自分が貧乏だということさえも考えなくなることたい」

●「やーい、朝鮮」と誰かに後ろから石を投げられた。

●「友情」という詩の最後の言葉。「友情イコール同情ではない」

●「涙」という詩

君は涙をながしたことがあるかい。／「あなたは」／「おまえは」／涙とはどんなにたいせつなものかわかるかい。／それは人間としての感情をあらわすたいせつなものなのだ。（中略）

中にはとてもざんこくな、涙もあるんだよ。／「原ばくにひげきの苦しみをあびせられた時の涙」／「黒人差別の、いかりの涙」／「ソンミ村の大ぎゃくさつ」／世界中の人々は今もそして未来も、泣きつづけるだろう。（中略）

それでも君ははずかしいのかい。／「涙とはとうといものだぞ」

●渡米前に祖母と大邱《テグ》へ。祖母のお土産の端切れで作った服をもらった人々の笑顔。それが幸福。それを情報革命で実現したい。

●高校を中退してアメリカへ。「自分は韓国籍だから、日本では認めてもらえない」
●アメリカ留学時代・i８０８０コンピューターチップの拡大写真を見て「人生であれほど感動したものはない」
●バークレー時代・勉強でバイトの時間が取れない。「一日に五分間の仕事をして一カ月に一〇〇万円以上稼げる仕事はないだろうか」→発明に。カードに単語を書き、三つ組み合わせる。例：リンゴ＋スピーチシンセサイザー＋時計＝のどかな田舎の朝を演出する音声付きの目覚まし時計。
●音声付き電子翻訳機を開発。「その人に『私に会うべきだ』と電話してくれませんか」。大阪の弁理士にシャープ技術本部長佐々木専務を紹介してもらうとき。
●帰国「母との約束を守るためです。いかなることがあっても約束は守る」
●「ユニソンワールド」(※)代表：孫正義と本名を名乗る。日本国籍取得の際「孫という名字はない」そこで一案を。

※孫がアメリカ留学中の一九七九年、シャープに自動翻訳機を売り込んで得た資金一億円を元手に設立したソフトウエアの開発会社。

●トタン屋根の会社でミカン箱の上で「五年で売り上げ一〇〇億、一〇年で一〇〇〇億、将来は豆腐のように一丁（兆）、二丁と数えたい」。サトウキビ畑のカストロ。
●出版事業開始「わたしをその東販に連れて行ってくれませんか」
●当時日本一のゲームソフトメーカーのハドソンに初対面のとき「さっそくですが、あなたの会社と独占契約を結びたいと思います」
●第一勧銀に一億円借りるとき「担保はありませんが、プライムレートで貸していただけますか」。最優遇貸出金利。
●慢性肝炎で入院中「徹底的に考えた。自分は何のために仕事をしているのかと……。その結論が、人のために喜んでもらえる仕事がしたいということでした」
●「損（孫しても）正義」
●「美しき（麗しき）誤解のうちに他人のふんどしで勝負する」
●コムデックス、ジフ・デービス買収後ラスベガスにて「ヤフーというインターネットの会社があるのだが、非常に面白いので出資をしたいと思う」
●NASDAQ Japan「全部が全部大きな鮭になるとは限らない。数を産まないと、そこから試練に耐える大人の鮭は生まれてこない」
●ネットバブル崩壊「ネットバブルっていうけど、どうしてそういう暗いところばかり見るんですか。あのときは一つでも二つでもものになるものが出てくればっていう状況だったでしょう。拝金的な考えを持っている人も少なくなかったことは否定しないけど」

●Yahoo! BB対NTTとの戦い「なけなしのお金と兵力で戦いを挑むというのは無茶な戦いであることに間違いないんですよ。だけどね、かならずしも、いつも贅沢な立場にいる人が勝つとは限らないんです」

●事業について「ぼくにとっての事業家とは、道路を作る、電力のネットワークを作る、社会のインフラそのものを作ること。つまり社会の枠組みを変えることだ」

●政府に対して「一つだけです。邪魔をしないでほしい。日本における規制とは新規参入を妨げるという規制だった。アメリカにおける規制とは、独占企業を制限して、新しい新規参入組にチャンスを与えることなのに」

●一兆七五〇〇億円でボーダフォン買収「いや、買収金額は全体の物差しの一つだと思うんです。大事なのは金額の大小ではなくて、ボーダフォンの顧客がおよそ一五〇〇万人いる、顧客数は私が買収しても保てるのか。減っていくのか、増やせるのか、この読みが一番大事だった」

●破壊と、エスタブリッシュへの参加のバランス。プロ野球球団買収。

●堀江氏は目立ちたい、三木谷氏はシニア層への浸透、では孫氏は？
●在日コリアンで苦労した人物が見返してやろうという強いモチベーションで事業を成功させた、それも事実だがそれだけではない。在日コリアンで苦労した人は大勢いるが、孫正義は一人しかいない。
●映画『市民ケーン』のバラのつぼみ。養子や在日コリアンの問題ではなく普遍的に、男（子ども）は、大人になる過程で多くのものを失い、手放す。母親との一体感、幼いときに描いていたさまざまな可能性、性格の一部も手放すこともあるので、優れた役者はそのころのキャラクターをカウンセリングで再獲得したりする。手放したものを取り戻すのが大人の仕事。村上龍は、小さいころに夢見たことを作品の中で具体化する。孫氏は、何を取り戻そうとしているのだろうか。
●公平な社会と精神の自由、では？　インターネットは人類が手に入れたもっとも民主的なコミュニケーションツール。これほど多くの人が情報を発信しコミュニケートする時代はかつてなかった。使い方によっては、精神の自由と公平な社会を実現できる。
●ホークスが福岡じゃなくても買収していたか。
●「前進あるのみ」。同じ言葉を小学校卒業時に書いた。

●直感とプレゼンと他人の活用（悪く言うと利用する）。
友情と同情は違う。人と人は仕事を通じて信頼を築く。仕事が終われば関係性が終了する友人のほうが多いのでは。
●年表を追うと、原野を開拓して土地開発や道路などのインフラを整備している感じが。
●デバイスの開発をやめ、M&Aで、ITインフラの獲得に動いたのはなぜか？
何を変えたいのか。
●「目標」も「初期のIT活用」も「米日タイムラグ」も多くの人にあった。孫正義を成功させた最大の要因は何か。

■二回目の収録：孫正義&ソフトバンクの現在と未来
●iPad版「クジラ」の紹介：「iPadで出版界がどうなるか」ではなく「iPadをどう仕事に活かすか」、「どうなるか」ではなく「どう対応・利用するか」。
護送船団を作った出版界はその時点ですでに間違っている。
●「情報革命で、人間の感動の最大化と孤独の最小化を実現し、人々を幸福にする」
↓具体的なイメージは？　幸福のイメージも変わるのでは？　評判が悪い「出会

い系サイト」だが、対人恐怖などの神経症を持つ人が出会うきっかけにも。

【実際の収録からの抜粋】

「核となる質問」と孫氏の答え

村上　柳井さんが、「孫さんという人はビジョンがあるんだ」とおっしゃっていました。言葉だけなら「ビジョン、ビジョン」と、政治家もよく使いますけど、ご自分では「ビジョン」というのはどういうものだと思われていますか。

孫　ビジョンの前に理念、あるいは思想というものがあるべきだと思います。どういうことをやりたいのか、ということです。我々の場合でいうと、情報革命で人々を幸せにしたいというのが理念です。その理念を実現させるために、どんなライフスタイル、生きざま、あるいは社会にしていくのか、どういうテクノロジーでそれを実現させるのか。

村上　そこがビジョンですね。

孫　そうです。それをまるでタイムマシンで未来に行って、その世界を見て帰ってきたように思えるか、語れるか。『バック・トゥ・ザ・フューチャー』のように、「いやいや、一〇〇年後、こうだったよ」「三〇〇年後の俺たちの生活は、こうだったんだ」というのがまずあるんです。そうすると、そういった社会を作るには、今はこうしておかないといけないね、というのが出てきます。でも、そのときに良くない部分というのもあったから、間違ったところは今から芽を摘んでおこうかなとか、良かったのはこういうところだから、本当にそうなるために、ここはこうして種を蒔いておかないといけないね、とか。まるで見てきたかのように語れるのがビジョン、ビジョナリーということだと思います。しかも、それが人々にとって良きビジョンでないと、人はついてこないですよね。

村上 その下に戦略とか戦術があるんですね。

孫 ビジョンの下に、それをどうやって実現するんだという戦略があって、その戦略の下に戦術があって、一番下に計画があるということです。普通の会社の経営会議とか株主総会というと、その一番下の計画ばかり語るんですよね。三カ年計画とか、五カ年計画とね。最近よく言われるマニフェストにしても、僕に言わせれば、あれは三カ年計画のことを言っているのではないか、と思えるようなマニフェストが多いわけです。だから三年後に達成できたとか、できなかったとか、すぐに点数を付けたりするのですが、僕に言わせればそれは方法論で、単なる計画にすぎない。計画の上に戦術や戦略が必要で、その上にビジョンが必要です。

「時系列と空間軸の変化」に注目した質問と孫氏の答え1

村上　孫さんとソフトバンクの歴史を振り返ったときに、僕が最初に印象に残ったのは、アメリカに留学された当時の孫さんの言葉なんです。「人生であれほど感動したものはない」とおっしゃっているのですが、これはコンピューターのチップを見て感動されたということですよね。すべてはここから出発したのではないかと思ったんです。

孫　当時はアメリカで学生だったのですが、車を降りて、道を歩いていたときに、ふと雑誌をめくったら、マイクロコンピューターのチップの拡大写真が、丸一ページで載っていたんです。初めて見る写真で、なんか未来都市の設計図のような、道路のような、これはなんだろうと思いました。不思議な虹色の、幾何学模様でした。

「時系列と空間軸の変化」に注目した質問と孫氏の答え2

村上　もう一つ、孫さんのことを書いた本の中に「麗しき誤解のうちに、他人のふんどしで勝負する」という言葉があったのですが、これはどういう意味なのでしょう。

孫　それはもうほとんど冗談で言ったんです。あの、よく言われるんですよ。「ソフトバンクは、何も自分では発明してもない、作ってもいない」「他人の力ばかり借りてやっている」と。いろいろなジョイントベンチャーをやったり、買収をしたりしていますからね。でも、それで、僕は、まあいいじゃないか、と。確かに、いっぱい他人のふんどしを借りて仕事をしている。でも、他人のふんどしも、借り慣れてくれば借りるのが上手になる。それも一つのお家芸、才能のうちだ、とね。確かに自分は何も誇れるようなものを持ってない。でも、すごい情熱があって、人類に貢献したいという思いがある。そして何となく、ちょっと勢いのようなものが出てきている、と。「もしかしたらあいつらと組むと面白いんじゃないか」と、相手も何とはなしに思ってくれる。だったらそう思ってくれている間に……。

村上　あ、それが「麗しき誤解」ということなんですね。

孫　そう、そう。

「時系列と空間軸の変化」に注目した質問と孫氏の答え３

村上　こうやって孫さんが幼いころの話をするときには、やはり在日コリアンであったことを抜きには語れないと思います。ただ、これは孫さんについて書かれた本の中などにも出てくる話なのですが、在日コリアンですごく苦労した人が、見返してやろうと思って、一生懸命頑張って成功したというような、わかりやすい型にはまったような理解は、そういう部分もあるとは思いますが、ちょっと違うような気がするんです。

孫　僕には見返すという気持ちはなかったんですよ。そうではなくて、まず同じ人間だということなのです。それから成功したといっても、俺はここまで来たぞとか、それをひけらかすというつもりはまったくありません。言いたいのは、同じ人間なのだから、同じ努力さえすれば、同じようにやれるんだということです。だからコンプレックスなんか持つ必要はない。いろいろな国があるし、いろいろな人種がいるけど、人間はみな一つだということです。

村上　大事なことですよね。

孫　ねえ。お互いが自由で何ものにも縛られず、平等で、みんなが和気あいあいと楽しくやっていくことができれば、きっと平和ない い世の中がくるんじゃないかなと思います。それはアメリカに行っても強く感じました。そういう意味ではやはり若いときに外の世界を見るというのは、いいことだと思います。韓国も見てみた、アメリカも見てみた。そして僕が孫という名を名乗ると、ひどいことを言う人もいましたけども、逆に、だからこそ普通以上に僕を応援してくれた日本の人たちもたくさんいました。そのことにもすごく勇気づけられました。どちらかに分かれるんですよ、色眼鏡で見る人と、逆にそれで応援してくれる人と。僕的には、それがうまくバランスしていて、どちらにしろ頑張ろうということになりました。

収録の際に思いついた質問と孫氏の答え

村上　貧乏画家になりたかった?

孫　そうそう。

村上　お金持ちの画家じゃなくて?

孫　お金持ちの画家は、その時点で堕落していると思っていました。人に売るために絵を描くのではない。展覧会に出すために絵を描くのではない、と。

村上　どんな画家がお好きだったんですか？

孫　ゴッホとかね。有名になる前のゴッホ。

村上　ゴッホは貧乏なうちに亡くなったんですよね。

孫　そう。だからゴッホのような生きざまが、一番、尊敬できると思いました。要するに画家になるなら、展覧会に出して有名になるとか、画商を通じて高いお金で売れるという画家を目指すというよりは、世の中の常識と関係なしに、自分が一番納得できる絵を描く。自分が一番描きたい絵を描く。それも僕は、すばらしくでっかい夢だと思うんですよね。どんな夢であれ、夢を描くというのは、ある種、自分の人生に対するビジョンだと思うんです。そういう自分の夢も明確に持たずに、自分の人生に対するビジョンも持たずに、ただ生きていくために、どこかに給料をもらいにいく人もいるでしょう。でも、「現状はそれしか仕方ないじゃん」と言っている間に、人生、あっという間に終わるから。

実践編5

波瀾万丈の物語

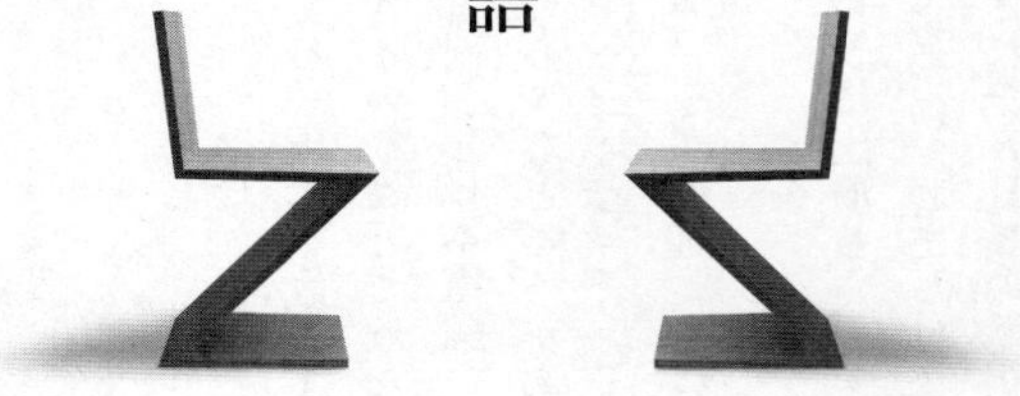

ある年代のゲストたちは、とても開放的な感じがする。現代を代表する若い経営者たちにはそういった雰囲気がない。どちらがより優秀ということではないし、どちらがより多くの苦難に遭遇したというようなことでもない。「日本電産」の永守重信氏がその典型だが、どこかおおらかで、どこかむちゃくちゃなところがあり、エピソードが異様に面白く、気分が高揚するのだ。その理由は、一つや二つではないだろう。時代状況が大きく影響しているのは間違いないのだが、それが何なのか、いまだにわたしにはわからない。

以前、NHKで「失われた一〇年を問う」という番組に出演した。そこで、高度成長時と、現代とがいかに「かけ離れているか」を示すために、わたしはプロデューサーに依頼して、ある実験を行った。高度成長時に製作されたNHKの番組を何本か、大学生たちに見せ、感想を聞こうと思ったのだ。モノクロの粗い映像だということもあって、大学生からは「日本だという感じがしない」という感想があり、それが狙いだったので、わたしは満足だった。だが、思わぬ発見があった。

高度成長がはじまったころの、わたしの故郷を紹介したドキュメンタリーがあり、そこに登場するのは、漁船で生活する親子四人だった。魚を捕って市場で売り、船の中で寝る。食料や生活用品は、巡回してくる「ボートショップ」から買う。両親はまだ若く、子どもたちは、確か三歳と五歳の、まだ幼児だった。漁船はそれほど大きくないので、両親が漁をしている間、子どもたちはよちよちと船縁を歩いたりしている。その映像を見て、わたしは「危ないな。落ちたりしないのかな」と思った。誰もがそう思うような映像で、しばらくして次のようなナレーションが被った。

「船での生活は幼い二人にとっては大変です。上の子は三度、下の子は四度、やはり海に落ちたことがあるそうです。でも、お父さんは、こう言っています。『いやあ、そこは海の子、助けに行くまで、何とか浮いとりますばい』」

このナレーションを聞いて、大学生たちは笑い出した。幼児が海に転落するのだから、シリアスで、笑うようなことではない。だが、わたしも思わず笑った。人道的ではないし、今同じようなことがあったら、両親は非難されるだろう。虐待だと言われるかもしれない。だが、「そこは海の子、助けに行くまで何とか浮いとりますばい」

という台詞によって、どういうわけか、気分が解放されるのだ。

日本全体が貧しくて、命が軽い時代だったと言えばそれまでだ。だが、それなのにどうして気分が解放されるのか、わたしにはいまだ、その理由がわからない。

核となる質問

日本電産社長兼CEO　永守重信《ながもりしげのぶ》

「不況が大好き、らしいが、それはなぜか」

〈会社プロフィール〉

精密小型モーターで世界シェア八〇％を誇る日本電産。グループ全体で従業員一六万人。この大企業を四〇年で築いたのが永守重信だ。一九七三年、永守は二八歳のとき、わずか四人で日本電産を起こす。最初の工場は民家の一階を間借り。零細企業からのスタートだった。

無名の小さな会社に大企業からの注文はなかなか入らなかった。そこで永守は単身で渡米、電話帳で商談相手を探して、「モーターいりませんか」と、飛び込み営業の電話をかけまくった。すると世界的な大企業スリーエムが会ってくれ、性能を変えずに、サイズが小さいモーターを作ることは可能かと聞かれた。その場で三割小さくできると即答した。

永守はさっそく日本に帰ると、工場に泊り込み、半年後、約束通り試作品を完成させた。町工場の技術がアメリカの大企業をうならせ、注文を勝ち取った。その後、日本の大企業からも注文が入るようになった。だが永守が目指すのは世界で戦える売上げ一兆円の会社。そこで目をつけたのが、M&Aだった。バブル崩壊後、多くの企業が低迷する中、業績が悪化した会社を次々に買収、傘下に収めていった。

永守さんには、「日本電産」単独のゲストの他に、「リーマンショック特番」にも出演していただいた。円が独歩高になって、輸出主導型の製造業は軒並み真っ青になっていた時期だったが、「関係ない。うちは一ドル五〇円になっても、だいじょうぶ」という話をされて、スタッフもわたしも度肝を抜かれた。永守さん流のホラじゃないかと言うスタッフもいたが、わたしはきっと本当なんだろうと思った。

永守さんは、幼児のころ漁船で生活していて、一〇〇回海に落ちても絶対に助かるだろうと思わせるような何かがある。子会社の社長を決める基準として「根アカ。二年間は暫定政権・消去法、二年後はもっとも稼いだ人」と言い切るような人物だ。人間としてのエネルギーとか、生物学的なパワーがあるのはもちろんだが、おそらくそれだけではない。それでは、何が違うのかと考えても、単純な言葉では表現できない。

根アカの永守さんの説明には不適当かもしれないが、わたしは、精神科医で心理学者であるヴィクトール・フランクルがナチスの強制収容所体験を描いた『夜と霧』という作品の、ある一節を思い出す。この世でこれほどひどい環境はないというようなナチスの強制収容所で、生き残ったのは、心身壮健なプロレスラーのような人間ではなく、ユーモアを解する人間だった、というようなニュアンスのことが書いてあった。永守さんは、もちろんユーモアを解し、ユーモアあふれるお話をされる。だが、それだけではない。ユーモアが成立するためには、いろいろなものが必要だ。さまざまな知識、ものごとを客観的に見るという態度、他人を喜ばせてやろう、元気にしてやろうという優しさとサービス精神、そして、もっとも根本に、「きっと何とかなる」という強い意思が不可欠なのではないだろうか。「何とかなる」という意思が、「何とかしよう」というモチベーションを形づくり、「絶対に何とかしてみせる」という決意となり、どこからか、必ず「解決」への糸口が見えてくる、永守さんとの会話を思い返すと、そういったことを考える。

核となる質問は、もっとも永守さんらしいものを、と考えた。

「不況が大好き、らしいが、それはなぜか」

【想定質問メモ】　日本電産　永守重信氏

（基本編と重複するが、すべてを紹介する）

●3Q6S：Quality Worker, Quality Company, Quality Product（良い社員、良い会社、良い製品）、整理、整頓、清潔、清掃、作法、しつけ。

●「技術力は競争力の源泉だが、技術力さえあればお金を稼げるわけではない。技術力と収益力は別物」

●「顧客からの注文を断るということはあり得ない。注文を断るなんていうのは営業じゃない。顧客の要望に必死に応えろ。注文を断るのも、工場を止めるのもまかりならん。〝情熱、熱意、執念〟〝知的ハードワーキング〟〝すぐやる、必ずやる、できるまでやる〟、この三大精神で取り組めば、できないことはない」

●「誰にでもできる簡単なことで差をつける」「一人の天才より百人の凡才の努力」

しかし天才と言われる人ほど努力しているのでは？

●「新会社の社長の選び方。営業は根アカ。二年間は暫定政権・消去法、二年後はもっとも稼いだ人」

●「給与体系もすべて営業利益連動型。組合交渉などない」

●母親の影響：「人の倍働いて成功しないことはない。倍働け」「絶対に楽して儲けたらアカン」「もういっぺんケンカしてこい。証拠を見せろ」

●奥さん見合いのとき「この人についていったらメシが食えるんじゃないか」。義理の父→「なんか変わった男やけどメシだけは食わせてくれそうだ」

●金持ちの友人の家で「社長になるぞ」。高校一年から株式投資。

●小作農の末っ子で、高校進学も大変だったようだが、子どものころ、高校時代、大学時代、起業してからのことを「苦労」だと思うか。

●ティアックに入って：基本給とボーナスを全部貯金に回して残業代だけで生活すれば、「三五歳で独立資金二〇〇〇万円が貯まる」という戦略を立てる。当時から、三協精機製作所（現日本電産サンキョー）の買収と再建まで、永守さんにははっきりした目標が常にあり、それは必ず「遠大」「長い道のりと努力を要するもの」であったと思う。それは意識してそうなったのだろうか。

●独立時：「初めに志ありき」。どういう会社にするのか。

●「競争相手の半分の納期で仕事をします」

●早飯で入社を決める。会場先着順試験、大声試験、「人間の能力の差はせいぜい五倍。でもやる気は一〇〇倍違うことがある。能力があってやる気のない者より、能力はないがやる気のある者を採用したほうがいい」。リーダーは、能力がなくてやる気がある者がもっとも弊害が大きいのではないか。

●二黒土星なので緑色のネクタイ。ゲンを担ぐそうだが、意外な気がするけど。どうして？

●超過密スケジュールで京都見物をさせて、工場を隠す。

●「私は不況が大好き」。サブプライム問題でファンドの活動鈍る。→チャンス。

●そもそもどうして今、日本電産にＭ＆Ａが必要なのか。本業を強くするための要素技術を手に入れる。

●夢を形にするのが経営。でも「夢」の前に、大ボラ、中ボラ、小ボラと変化して夢に辿り着く。夢まで行けば現実化は時間の問題。

●信頼の基本は、ごまかさない、逃げない、やめない。

●日本中の経営者が自分と同じような考え方と行動をするようになったら、日本経済はどうなると思うか。

【実際の収録からの抜粋】

「核となる質問」の前段となる質問と永守氏の答え

小池　買収するときは、どうやって話を切り出していくんですか。おたくの会社の技術がほしいです、売ってくださいと言うんですか。

永守　それはいわば女性を口説くのと同じです。「アイ・ラブ・ユー、アイ・ラブ・ユー」と言って、繰り返しお願いします。しかしなかなか簡単には売ってくれません。最近私が譲っていただいた、日本サーボ（現日本電産サーボ）という日立の子会社は、一六年かかりました。

「核となる質問」と永守氏の答え

村上　そのとき会社の業績が悪化しているほうがいいので、不況のほうが好きだとおっしゃっているわけですか。

永守　そういうと世間からお叱りを受けるかもしれませんが、そういう会社が出てくる時期というのは、景気のいいときよりも悪いときのほうが多いというのは確かです。

「時系列と空間軸の変化」に注目した質問と永守氏の答え 1

村上 小学校三年生のときに、社長になりたいと思ったそうですね。

永守 お父さんが会社の社長だという友だちの家に遊びに行きました。一九五三年ですから、一般的な家庭では食べるものが少ない、貧しい時代でした。私たちは貧しい服を着て、いわばハナタレ小僧でしたね。ところがその彼は、詰襟《つめえり》を着て、スイス製の時計をはめ、そして革靴を履いていました。家に行きますと座敷に、ドイツ製の模型列車が走っていて、三時になるとお手伝いさんが出てきて、「お坊ちゃま、おやつの時間ですよ」と白い三角形みたいなものを持ってくるわけです。で、「これは何？」と聞くと、「お前これを知らないのか、これはチーズケーキだよ」と言うわけです。当時、チーズケーキといったら神戸あたりまで買いに行かないとない。普通なら友だちが来ているんだから二つ持ってくると思うんですけど、一つしか持ってこない。

小池 お坊ちゃまの分しか？

永守 うん、お坊ちゃまの分だけ。

村上 お金持ちなのに、ケチなんですね。

永守　だから「ちょっとくれ」ともらって食べたら、ものすごくおいしい。帰り際になって、下に降りていったら、今度は、ジューッという音がするんですよ。何か赤いものを焼いているわけです。「それ何?」と聞くと、「お前これも知らないのか、これはステーキというものだ」と。

村上　その時代、普通、誰もわからないですよ。

永守　「ところでお前のお父さんは何をしているんだ」と聞きました。そうすると、社長だというわけです。社長になったら、こういうおいしいものが食べられるという発想を持ちました。このときは社長の意味が全然わからなかったのですが、小学校四年のときの作文には、将来の夢は社長と書いていました。

「時系列と空間軸の変化」に注目した質問と永守氏の答え 2

村上　卒業後はティアックに入られた。そのとき、三五歳までに二〇〇〇万円を貯めて、それで会社を作るという戦略を立てたそうですね。

永守　基本的に基本給とボーナスは一切使わない。だから毎日遅くまで残業して、その残業手当だけで生活するわけです。それで計算していくと、三五歳まで働けば、だいたい二〇〇〇万円は貯まるだろうと考えました。二〇〇〇万円というのは、今でいうと数億円の価値になります。当時はベンチャーキャピタルも何もありませんから、自己資本でやらないといけないので、そのぐらいは必要だったのです。だから毎日朝はアンパンと牛乳とか、昼間は会社の食堂でカレーライスなどを食べました。アパートも、他の方は月六〇〇〇円から八〇〇〇円の家賃のところに入っているのに、私は二〇〇〇円ですよ。バスが横を走ったら揺れるようなアパートで、最小限の生活でした。

「時系列と空間軸の変化」に注目した質問と永守氏の答え 3

村上　契約しに来た担当者には、工場を見せないようにしたそうですね。

永守　今は工場にさえ来ていただけたら必ず注文をとれるのですが、その当時は、小さな工場を見せたら必ず話が壊れるわけです。製品はいいものですから、いかに工場を見せないかが大事。幸い京都というのは、観光地がいっぱいあるんですよ。だから京都が初めての方なら、ゆっくり歩きながら案内する。あんまり早く回ったらいけません（笑）。帰りの時間はわかっていますから、わざと車が混んでいるところに連れて行ったりしてね。

小池　言われますよね、「工場は？」って。

永守　初めて京都に来たお客様なら、そんなこと、忘れちゃうんですよ。それでもなお「工場は？」って言われたら、もうアウトです（笑）。これはダメだなと。そのまま帰ってくれたらまず九九％、受注です。

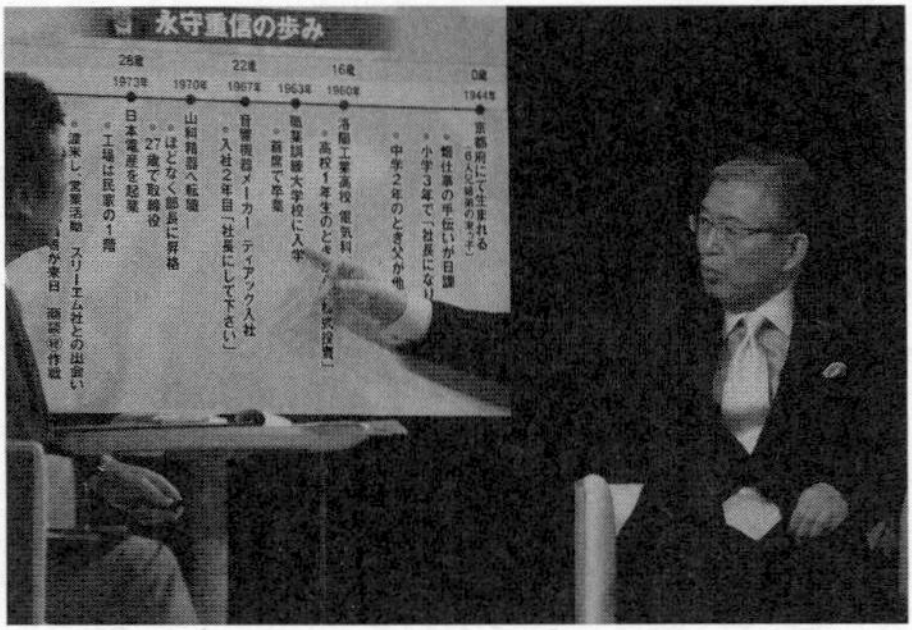

「時系列と空間軸の変化」に注目した質問と永守氏の答え4

村上　こうして見ると波瀾万丈な人生ですが、永守さんは、どこかに苦労したなと思えるところはありますか。

永守　ないです。なぜかというと、ずっと楽しみながらやっているからです。確かに普通の方から見たら、苦しい場面に見えるかもしれないけれども、友人が受験勉強をしなければいけないと言っているときには、山で遊び野で遊びの好き放題をやって、自分が好きなときに勉強して、大学も入って一番で卒業して、結構いい会社に入れて……。

核となる質問

ファーストリテイリング会長兼社長　柳井《やない》　正《ただし》

「一勝九敗だと相撲は負け越し、投手は二軍行き、どうして経営はＯＫなのか。致命的な失敗と、成功の芽となる失敗の違いとは何か」

〈会社プロフィール〉

一九八四年、柳井正は広島に「ユニーク・クロージング・ウエアハウス」をオープンした。大量の商品を整然と並べ、客に自由に選ばせるスタイルが大成功。東京進出を果たし、柳井が満を持して打ち出した新商品、フリースは大ヒット商品となった。だがブームは長く続かず、二〇〇二年には、上場以来初の減収減益に。立て直しのカギとなったのは製造の中心を中国に置き、コストを下げることだった。

柳井は安さだけではなく、品質の向上にも最善を尽くす。高品質の普段着をリーズナブルに。原点を取り戻したユニクロはヒット商品を連発。一三年度、全世界で「ヒートテック」は一億三〇〇〇万枚、「エアリズム」は五三〇〇万枚の販売を見込む。不況などどこ吹く風。今日もユニクロには大勢の客が集まってくる。

「ユニクロ」は、どうやら世界市場を制圧しそうな印象がある。テニスの現世界ランキング一位であるノバク・ジョコビッチが、ユニクロのウエアで登場したときにそんな思いを抱いた。「これで限界だろう」「凋落の兆しが見える」そんなことを何度もささやかれながら、決して潰れることはないし、常に挑戦し続けているように見える。きっと、「潰れない」ということと「挑戦し続ける」ということには重大な関連があるのだろう。今や、「ユニクロ」は世界企業になろうとしているが、その歴史は危機の連続であり、波瀾万丈の経営だった。

ただ、経営者の柳井正氏には、いっさいそんなイメージがない。クールで、曖昧さを嫌い、どんなことでも「言い切る」ので、危機や苦闘のあとが見えないのだ。「言われたことだけを実行するサラリーマンの時代は完全に終わり、一人一人が自営業者であるような、主体的な人材が必要とされている」と、ミもフタもないことを言う。だが、ミもフタもないことというのは、たいてい真実だ。

もっとも強く記憶に残っているのは、「成功して絶好調のときに失敗しておくことが大事なんです」というようなニュアンスの発言だった。真実だが、世の中は、いつまで経っても成功できない人のほうが圧倒的に多い。多くの人が仕事や人生で失敗する。ほとんどはリカバリーできず、失敗者として生涯を送る。失敗を糧として成功する人は、本当にごくわずかなのだ。マスメディアは、失敗のあとに這い上がるという成功譚が好きで、そういった物語を番組で紹介したがる。だから、ついだまされてしまうのだが、失敗そのものに価値があるわけではない。

その失敗から何かを得ることができるのは、挑戦する価値があることに全力で取り組んで、知識や経験や情報が不足していて失敗した、という場合だけだ。そもそもたいていの人は、挑戦する価値のある機会に遭遇できない。「一勝九敗でいい」と柳井さんは著書でも書いている。だが、九敗するということは、挑戦の機会に九回恵まれるということで、そんなことが可能なのは、ごく限られた人だけである。

核となる質問は、以下である。その答えが、柳井正と「ユニクロ」の強さのほとんどすべてを物語っていた。

「一勝九敗だと相撲は負け越し、投手は二軍行き、どうして経営はＯＫなのか。致命的な失敗と、成功の芽となる失敗の違いとは何か」

【想定質問メモ】　ファーストリテイリング　柳井正氏

●栄子ちゃん、ユニクロよく着ますか？

●フリース＝ユニクロになってしまってセルッティやノース・フェイスなどのフリースを着ていても、「ユニクロですね」って言われた。

●ユニクロはイタリアで買ったシャツを駆逐する。だが相反して、ユニクロには良いイメージがある。犬の散歩と箱根での執筆時に着てるから。

●現在の金融不安と世界的なリセッションをどう見てますか。高額なデザイナーズブランドは苦戦しているが、ユニクロには追い風では？

●ユニクロと言えば、連戦連勝というイメージがあるが、失敗も多かった？

●一勝九敗だと相撲は負け越し、投手は二軍行き、どうして経営はＯＫ？

●致命的な失敗と、成功の芽となる失敗の違いとは。

●成功の中にある失敗の芽と、失敗から得る成功のヒント。それらを正確に把握するためには？

●村上は危機感が大事と言い続けてきたが、危機感を持つためには余裕がないとダメだとわかった。本当に危機の中にいる人、やばい人、余裕がない人は逆に危機感を持てない。

●父親（洋服屋をやるときに何も言わずに実印を渡した）から何を学んだのか。二代目のメリットとデメリット。

●一九九九年秋からの宣伝。「個性的に生きている人」を選んだのはなぜか。「服に個性が必要なわけではなく、個性のある人が着こなして初めて個性を発揮する」

●広告：「何を伝えたいのか」という発想が代理店にはない。

●経営：「どういう会社にしたいのか。どういう人たちといっしょに仕事がしたいのか」。会社を選ぶときは、どう考えればいいのか。

●会社・企業の社会性について。社会を変える、貢献するという動機（障がい者雇用）。

●日本における「急成長企業への偏見はどこから？」。やっかみ？

●本部の幹部候補生が店舗に研修に行くのではなく、店舗の者が本部に来て本部を変える。

●fast retailing, 即断即決の小売り。組織が大きくなっても可能か。

●最新鋭の組織「アメーバ型」。各地域の店舗に自主性を持たせる。FCチェーン店におけるトップダウン型経営の限界。

●ユニクロの店長は「知識労働者」であり収入面を含めて最終目標。

●スペシャリストとゼネラリスト、ディレクターとプロデューサー。

●国際化、海外展開できないと人も企業も生き残れない？　一億二〇〇〇万人という中途半端な市場。

●ユニクロが野菜を売るという話題で、みんなびっくり。

●日本をマクロで見ると、ゆっくりと衰退している、今後三〇 or 五〇年くらい経って、その衰退が現実として見えてくるかもしれない。

【実際の収録からの抜粋】

「核となる質問」の前段となる質問と柳井氏の答え

村上　フリースの大ヒットのあと、減収減益となるわけですが、このときはがっくりきたものですか。

柳井　いや、ほっとしました。むしろいいことだなと思いました。少々の減収減益なら十分耐えられるし、売り上げが半分になっても耐えられると思っていました。

村上　でも当時はもうユニクロはダメかもしれないという記事が出たりしましたね。

柳井　マスコミは一方的ですからね、めちゃくちゃ書きますよ（笑）。

小池　野菜販売もされていたんですね。

村上　このときはみんなびっくりしました。どうして野菜販売だったんですか。

柳井　新しいことをやる気があるうちに突拍子もないことをやろうということになり、たまたまこれをしたいという社員がいたので、ではやろうか、と。

村上　撤退するんですよね。

柳井　撤退です。

小池　失敗と思われています？

柳井　失敗ですよ。ビジネスとして儲かってないですからね。

村上　ロンドンに出店されたことも話題になりましたが、進出から二年後の二〇〇〇年に大幅に縮小し、閉鎖している。これも、まあ失敗ですよね。

柳井　そうですね。

「核となる質問」と柳井氏の答え 1

村上　柳井さんの本のタイトルは『一勝九敗』（新潮社）ですが、相撲でいえば完璧な負け越し、野球だったら二軍落ちです。

柳井　そうですね。

村上　経営者の場合はどうなのでしょう。

柳井　反対に皆さんに連戦連勝だと思われているんですよ。でもどんなに優秀な経営者でも、連戦連勝なんてことはあり得ないでしょう、新しいことをやっていったら、失敗して当然です。一勝九敗でもいいくらいでしょう。実は連戦連勝というのは、自分たちが新しいことをやっていないということであり、失敗した原因を分析していないということなんです。商売をやっていたら、いかに冷静に失敗した原因を追究していくか、それが次の成功につながると思うんです。ですから優秀な経営者は連戦連敗だ

と僕は思っているのです。

「核となる質問」と柳井氏の答え 2

小池　失敗ということでいうと、昔はスポクロ、ファミクロというのがあったんですね。

柳井　スポクロというのはスポーツウエアとシューズに特化したユニクロみたいなもの、ファミクロというのはファミリーウエア、お父さん、お母さんの服と子ども服に特化した店です。

小池　ユニクロとは別に？

柳井　ええ。売れなかったですね。ユニクロと区分けしたので、同じ地域に三店あると、三つ行かないといけない。そんな面倒なことしないですよね、普通。

村上　その前に広島にユニクロの一号店を出されるじゃないですか。これは失敗できなかったんじゃないですか。

柳井　ええ、できないです。

村上　もちろん失敗していい事業というのはないのかもしれませんが、一号店とスポクロ、ファミクロではリスクが違うんじゃないかと思うんです。

柳井　それは全然違いますよ。
村上　スポクロ、ファミクロのときはもうすでにユニクロがあった。その中で、どのくらいの分量で勝負していくわけですか。
柳井　三分の一くらいでしょうね。ですから僕は、失敗しても会社が潰れなかったらいいと思うんです。そして失敗するんだったら早く失敗しないといけない。ビジネスというのは理論通り、計画通りには絶対いかないんです。だったら早く失敗して、早く考えて、早く修正する。僕はそれが成功の秘訣だと思います。

「核となる質問」から派生した質問と柳井氏の答え

村上　そう言われる背景には、柳井さんが会社というものをどう考えていらっしゃるかも関係してくると思うんです。会社というのは未来永劫に続くものではないとおっしゃっていますが、会社というものをどうお考えになっていますか。
柳井　ビジネスチャンスがあって、人が集まってきて、お金も調達ができて、だったらやろうかというようなものではないですか。
村上　極端なことをいうと、あることを成し遂げたら、もう解散してもいいんですか。
柳井　それはもう消えてもいいんじゃないですか。もちろん上場をしていたら会社は一種の商品ですから、消えたらまずいですが。

村上　そういうポリシー、考え方があるから、失敗ができるわけですよね。

柳井　でもそれは普通のことだと思いますよ。日本の場合、会社という実体がないものを、みんなあたかも実体があるかのように錯覚していると思います。

核となる質問

ヤマダ電機会長　山田《やまだ》　昇《のぼる》

「最初のころの〝まちの電気屋〟さんと、売り上げ一兆円企業になった現在と、共通するものは何で、もっとも違うものは何か」

〈会社プロフィール〉

メーカーの系列店として創業したヤマダ電化サービス。五つの店を持つまでになったが、山田昇は訪問販売のスタイルに人材育成の限界を感じ、店の縮小を決意する。そこで在庫処分のために安売りのチラシを近所にまいたところお客が殺到し、在庫が売り切れた。一枚のチラシが山田を、安さで売る混売店へと目覚めさせる。

しかし、その安さは軋轢も生んだ。一九九〇年代前半、上州家電戦争と言われたヤマダ対コジマの激しい戦い。チラシ合戦は日増しにエスカレートし、訴訟にまで発展した。

この上州家電戦争を見事に戦い抜いたヤマダ電機は、二〇〇〇年以降、急激に業績を拡大し、一気に売り上げ二兆円を達成、トップを独走する位置に躍り出た。ヤマダの成長を支えているチラシのノウハウは今でも同社の最高機密である。

波瀾万丈といえば、これほどふさわしい企業はないかもしれない。一九七三年、山田昇氏が、群馬に小さな電気屋を開業し、メーカーや卸との軋轢に屈することなく、徐々に店舗と売り上げを増やしていき、「コジマ」との上州家電戦争と呼ばれる競争を経て、ついに連結の売り上げが一兆七〇〇〇億円という巨大企業となる。

わたしは、山田氏との会話で、非常に印象に残ったことが二つあった。一つは、基本編で紹介したが、もう一つは、それ自体が話題になることの多い「チラシ」に関することだった。群馬での最初のチラシのキャッチコピーを見て、わたしは感心した。「安さの決定的瞬間」というもので、文章そのものが不正確なわけではないのだが、「どんな意味なのかな」と興味を持たせるような微妙な表現だったのだ。

収録のとき、わたしはそのことを言った。「作家のぼくが見ても、これはすばらしいキャッチです」と生意気とも取れるようなほめ方をしたのだが、山田氏は、うなずきながら、うれしそうだった。そして、そのあと、その「最初のチラシ」のキャッチコピーが、巨大企業となった「ヤマダ電機」のチラシとして再現されたのだった。今度は、わたしが喜ぶ番だった。もちろんお世辞を言ったわけではない。本当に感心したんですと言いたかったのだが、ちゃんと伝わったんだなと思えた。

わたしは、山田氏が、いろいろな意味で「厳しい」経営者だろうと思う。きっと非情な面もあるのだろう。しかし、基本編でも触れたが、「まちの小さな電気屋さんだったころに、今でも本当に戻りたい」という言葉が忘れられない。おそらく経営には、両方が必要なのだ。「非情な厳しさ」と「豊かで優しい感受性」、その二つを絶妙にバランスさせることで、優れた経営者は「波瀾万丈の荒海」を乗り切って行く。

核となる質問は、すぐに見つかった。山田氏の回答も極めて明確だった。

「最初のころの〝まちの電気屋〟さんと、売り上げ一兆円企業になった現在と、共通するものは何で、もっとも違うものは何か」

【想定質問メモ】　ヤマダ電機　山田昇氏

●誰のために、何のために、働くか。会社が巨大化すると、顧客の顔も、従業員の顔も見えなくなる。

●最初の店「幸せな時代」。食事をしたり野菜やお赤飯をいただいたり、まちの人々との交流があった。↑奥様談話。

●メーカー対小売りの関係。常に緊張感があるのは当たり前。力関係で交渉も変わってくるのは当たり前。出版社だって、売れる本屋には頭を下げて本を置こうとするし、小さな本屋は売れ筋の本を置きたいと出版社に泣きつく。営業が書店に行って、文庫の棚を整理し、自社の本を目立つところに置き、他社の本を裏返しに置いたりする。ただし、PRADAやGUCCIは別。どこでも売っているモノを売る場合に、一円でも安く買いたいという消費者がいる限り、一円でも安く仕入れ、一円でも固定費を抑えるための軋轢が生まれるのは当たり前。

●高度成長時には、子どもに栄養を、暖かい服や家を、主婦が楽になる家電を、という正当な動機による企業エネルギーが充ちていた。高度成長後、そのエネルギーは「消費者最優先」と方向転換し、サービス産業では、宅配便や外食チェーン、家電量販店、大型スーパーやコンビニなど、規制緩和とともに、消費者中心に「需要」が「掘り起こされて」いった。

◎以下ヤマダ電機の黎明期〜拡大期

●三〇歳で脱サラ・家電製品（テレビ）修理専門店を。

●一万軒ローラー訪問（市場調査）。経歴、趣味など経歴書持参で話し込む。

●結果「メーカーを決めていなかった」。↓客の固定化を考える店がまだなかった。

●二回、三回と訪問を続け三〇〇世帯の顧客台帳を。↓顧客固定化のために「カラーテレビ購入後の定期清掃サービス」。↓故障があると飛んで行って直した。素人だからできたのかも。

●訪問販売が主なので人材育成ができず、系列店の限界を感じる。↓溜まった在庫を見て絶望的になるが、チラシ（田舎では訪問販売が主）を活用し安売りをして成功。これで店にいられる・人が育てられる。

●メーカーの圧力に苦しみながらも、ついに「混売店」（※1）に。

※1　さまざまなメーカーの商品を取り揃えた店のこと。それまでほとんどの家電小売店はメーカーの系列店だった。

●ライバル・コジマと出合う。
●混売店から量販店へ（ウォークマンなどAV製品全盛時代到来）。↓一号店・商業組合と松下の圧力・農家の軒先にシートを被せて&河川敷で幌車から。大成功。
●NEBA（※2）加盟・安売りからサービスへ・大苦境。

※2　日本電気大型店協会。一九七二年に日本電気専門大型店協会として設立、二〇〇五年に解散した日本の家電量販店による業界団体。

●NEBA脱退・比較表示・コジマとの北関東家電戦争へ。
●独占禁止法の改正&メーカーによる価格規制の撤廃。
●西日本の雄の北関東進出（まるで戦国時代or「仁義なき戦い」）、逆に敵の本拠地広島に進出。当時県単位だった商品提供が敵地では不可能で自社物流網構築、さらに全国展開、POSシステムも稼働。
●大規模小売店舗立地法とテックランド・小規模店をスクラップ&ビルド。↓パソコン・薄型大画面テレビの普及予想。
●産業再生機構が、「創業者の銅像がある企業は危ない」と言ったが、礎生塾（※3）にあるそうですね。

※3　山田氏が二〇〇四年に私費で箱根に設けた研修施設。ヤマダ電機の人材育成システムの一翼を担う。

●QC的経営：（一）品質管理と標準化、（二）管理サイクル＆マネジメント
◎管理サイクルPDCA：計画PLAN↓実施DO↓確認CHECK↓対策ACTION。
◎PDCAのフラクタルな循環（担当・フロア長・店長）。
●最適化・最大化と二：五：三の原則。問題のある最低層の三に力を集中（これは教育・福祉など他分野にも応用可では）。
●標準化と社内有資格制度。↑どのようにして能力を測るのか。
●パソコン・薄型大画面テレビの普及予想に代表される先進性。
●経営トップ主導の労働組合結成。
●「まちの電気屋さん」という原点。
●地方のシャッター通り、昔ながらの商店街、町内の酒屋や電気屋や八百屋や魚屋などの再建、温かな人間関係の復活を願う人たちが、量販店でまとめ買いをするという矛盾。
●製造業・中小企業の衰退を嘆く人が、中国・インド・ベトナム製の安い衣類・

食料・工業製品を喜んで買っている矛盾。消費者に限らず、価値観と行動に関する選択が迫られている。すべてが手に入るわけではない。捨てるものを決めないと。

●社員に三度チャンスを与える。どうして三度なのか。

●経営方針と「金儲け」の関係。「カンブリア宮殿」のゲストには、金儲け第一、時価総額主義の経営者は一人もいない。

●礎生塾は私費で作った。

●帝国ホテルでの「売上一兆円突破記念パーティ」（当時の小泉首相以下閣僚を招待済み）をスマトラ沖地震で中止。「大勢の人が死んでいるのにパーティやっている場合じゃないだろう」

●カスタマーサービスを第一にすれば地域密着となる。説明なし、配達なし、アフターサービスなし、全部のサービスを排除して価格だけで勝負。両極を求めず、最適化・最大化を図るのが量販店。

●最初のころの「まちの電気店」と「売り上げ一兆円企業」になった現在と、共通するものは何で、もっとも違うものは何か？

●グッドウィル、NOVAなど社員を犠牲にした会社は結局、いつかダメになるのでは。今、人は消費者と投資家の側面が強くなり、市民としての力が弱まり、労働の尊厳が損なわれつつある。アメリカのウォルマートなどが典型だが、消費者・顧客と投資家の利益がおもに追求され、従業員の待遇が犠牲になっている感がある。ヤマダ電機は？

●初動期より続くメーカーとの緊張関係。

【実際の収録からの抜粋】

「核となる質問」と山田氏の答え

村上　小さな電気屋さんから売り上げ一兆七〇〇〇億円の巨大企業になって、変わったこと、あるいは変わってないことというのはどういうことでしょう。

山田　私どもは企業理念の中に感謝と信頼という言葉を入れているのですが、なぜ成功したのかというと、お話に出たように、系列でない商品も買っていただいたという信頼があったからだと思います。大きな企業になっても、これは変わらない。最近はリーディングカンパニーとして責任を問われるということもあって、ＣＳＲにも取り組んでおりますが、やはり根底にあるのは感謝と信頼、そしてその上に立って人というものを中心にした経営を行う。今でも人の問題では悩んでいます。ここまで順調にきたわけではありませんし、いろいろな苦難はほとんどが人の問題でした。何とかそれを乗り越えてきたわけです。

「核となる質問」から派生した質問と山田氏の答え

村上　規模が小さいときはお客様の顔も見えるだろうし、従業員の顔も見られる。巨大化すると、どうしても見えにくくなると思うんですよ。あるところで奥様が「八坪のお店のころは幸せだった」とおっしゃっているんです。今が良くないということではないけれども、近所の方がお赤飯を持ってきてくれたり、とれた野菜を持ってきてくれた時代は幸せだった、と。

山田　私もそう思います。

村上　え？

山田　私も、今思えば楽しかった。毎日毎日が一生懸命だったけれども、家族を中心に仕事をやっていた幸せな時期だったと思います。子どもを背中に背負って配達に行ったり、そこで食事をいただいたり。周囲の方が懸命に応援してくださる。本当の幸せとは何かというと、物理的に豊かになることなのか。そういうことでもないと思います。

村上　人間と人間の結びつきみたいなものですか。

山田　そうだと思います。

村上　では、ここに神様が現れて、「山田さん、そんなに幸せだったと思うなら、もう一回戻してあげるから、そこから始めなさい」と言われたら？

山田　ああ、いいですよ。私はそのほうがいいな。今の事業規模では責任が大きくて。若いころ、社員の教育で壁にあたりまして、そのときに思ったのは、今のお客さんを大事にしよう、そのためにはサービスだけでいいや、ものは売らなくてもいいということだったんです。そこからこうなってしまったんです。ただ原点はそこですから、私はそのほうが気楽でいい（笑）。

村上　そこに戻ったら何をやられているでしょう。

山田　修理でしょう。懐かしさだけで言っているんじゃないですよ。やはり人との結びつきを大事にしたい。

村上　今のヤマダ電機にそれがないということではないでしょう？

山田　お手伝いをしていただいてここまできたのに、そういう方々も気軽に寄っていただけないわけです。最近は、距離感はありますよ。

村上　それ、寂しいですか。

山田　寂しいですよ。今回、本社の落成式をやって、お世話になった方を中心に来ていただいた。何十年ぶりで会った方もいるんです。そんなときにひと言、「ちっとも変わらないね、山田さん」と言ってくれたら、うれしいですね。

「時系列と空間軸の変化」に注目した質問と山田氏の答え　1

村上　ローラー作戦で回られたそうですが、そんなことまでして電気屋さんを出す人、いたんですか。

山田　いや、いないです。そのとき、販売会社のメーカーさんに企画書を持って相談に行ったことがあるのですが、企画書を持って独立する人すらいない、と。だから彼らは変な人だな、と思っていたかもしれません。そして実際に歩いてみますと、結構、買う電気屋さんが固定化されてないんですね。八〇％ぐらい決まっているのかと思っていたのですが、二割もなかった。そこにチャンスがあったんです。

「時系列と空間軸の変化」に注目した質問と山田氏の答え2

村上　その後商売をされていく中で、いろいろなメーカーのものを売る混売店に乗り出すわけですが、どういった経緯だったのでしょう。

山田　私どもが系列店をやっていたのは系列の全盛時代で、社員をどんどん独立させなさいよ、というような政策があったんです。私どももその政策に乗って、四店まで作りました。地域店というのは店売りではなく訪問販売ですから、人の占める比重が高いんです。たとえばその四店舗全体で、私だけで六割も七割も売るわけです。それを社員教育をしながらやるわけですが、それ以上拡大するとき、もう教育は限界なんです。それで販売会社に、社員の教育を頼めないかと協力を要請したのですが、それも断られた。で、もう限界と将来への不安を感じて、やめようと。それで四店舗の中から、撤収するものは撤収し、独立するものは独立させ、五〇坪あった本店に商品をかき集めました。その商品をどうさばくかという中でチラシを打ったんです。

「時系列と空間軸の変化」に注目した質問と山田氏の答え 3

村上　メーカーとは敵対関係にならなかったんですか。

山田　系列メーカーからは抵抗を受けました。彼らにとっては初めての混売店でしたから。だからそのメーカーの商品は全然ないんです。それ以外のメーカーの商品を売るしかない。それでも売れたわけですよ。なぜ売れたのかというと、やはりヤマダ電機が一〇年間、地域店としてそういうお客づくりをしたからです。ヤマダさんが薦める商品なら何でもいいよ、というお客様がついてきてくれたんですね。いきなり何も知らない人間が来て安売りをすれば売れたかというと、ちょっと違うような気がします。

「時系列と空間軸」の変化に注目した質問と山田氏の答え 4

村上　どうしてヤマダ電機は勝ち続けられたんでしょう。

山田　ひと言でいえばローコスト経営、安く売っても利益が出るという仕組みの開発をしていたことだと思います。タイムリーに販促をするとか、コジマさんが一台売るときにウチは三台売ればいいという仕掛けだとか、仕入れの問題だとか、いろいろあります。その過程の中で常に仕組みの改善をしていった。

実践編6

利益より価値があるもの

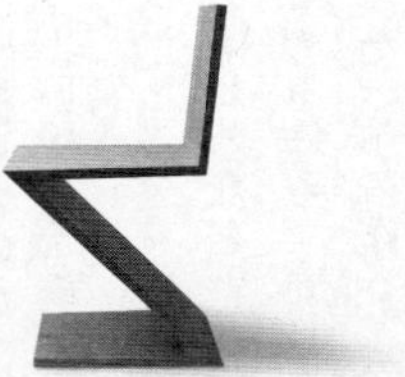

「カンブリア宮殿」は八年目を迎え、出演したゲストは三五〇人を超える。政治家やスポーツ選手などを除けば、他はすべて「成功企業の経営者」である。これだけ長く続けると、共通点も見えてくる。顕著なのは、「利益を最優先にしない」ということだ。だが、実は、わたしにはいまだにそのことがよく理解できない。

製造業ではやや特殊な例だが「海洋堂（本書には未収録）」という、模型・フィギュアを作る会社がある。もちろん、成功企業だ。だが、以下の、宮脇修一社長の言葉をどう考えればいいのだろうか。

「そもそもマニアであり、オタクだから、世の中におもねるなどとんでもない。売れ筋なんか狙ったらダメ。逆に、誰も買わないと思うものを作る。売れるからやる、儲かるからやるとは無縁であり、好きだからやる、作りたいから作る、面白そうだからやるというスタンス。客が好きなものを作るのではなく、客が見たこともないもの、好きになるもの、欲しくなるものを作る」

非製造業では、「顧客の側に立ってサービスを充実させれば、利益はあとからついてくる」とよく言われる。だが、利益が出なければ、当然赤字になるし、赤字が続けば倒産する。資本主義社会なので、会社は売り上げと利益がなければ存在できないし、とくに上場会社だと利益は至上命令となる。それでも、優良企業のすべての経営者は口をそろえて「利益は結果であり、あとからついてくるもの」と言い切る。そして、悩ましいことに、その結果を生む「要因」は一様ではない。

「競争力のある製品・商品の開発」

「社員のモチベーションを上げたことによる生産性の向上」

「流通網の再構築」

「ＩＴの活用」

「経営資源の選択と集中」

「感動を呼ぶサービスの実現」

などなど、まだまだほぼ無数にある。極端なことを言うと、成功企業が一〇〇社あれば、一〇〇の要因がある。その、個別の「要因」を、ゲストから聞き出すことは、「カンブリア宮殿」のもっとも重要なテーマとなっている。

核となる質問

ヤマトホールディングス会長 瀬戸《せと》 薫《かおる》

「サービスが先、利益は後。利益は確実に出るのか」

〈会社プロフィール〉

一九一九年に創業したヤマトホールディングスは高度経済成長期、長距離路線事業に乗り遅れ次第にジリ貧に。七一年に社長に就任した小倉昌男が目をつけたのが、各家庭の個人の荷物だった。周囲の反対を押し切りプロジェクトチームを発足、その最年少メンバーが現会長の瀬戸薫だった。

七六年、日本で初めての宅配便、「宅急便」が誕生。荷物一個からの集荷も、コンビニなどを取次店にしたのも、配達の時間指定も宅急便が初めて。現在ドライバーは約六万人、運ぶ荷物は年間約一五億個、年商は一兆二六〇〇億円にのぼる。

宅配市場の成熟で二〇〇八年度には初めて取扱個数を減らした。そこで瀬戸が打ち出したのが「ムカデ経営」。取り付けも行う家電などの配送事業、修理品の回収・返送サービス「はやメンテ」……胴体である宅急便の周囲で多くの新規事業を展開、荷物を増やすことだった。

野菜などのネット販売会社である「オイシックス（本書には未収録）」の髙島宏平氏は、「ネット販売で、どうして鮮度を保つのがむずかしい野菜を、あえて選んだのか」という質問に対し、「調達できるかどうかではなく、どんなものに需要があるかどうかを考えた」と答えた。「潜在的な需要を探る」「需要の創出」というように、消費者の需要は、高度成長がはじまったころとは違って、多様化し、潜在化している。「小林製薬（本書には未収録）」の「あったらいいな」という有名なキャッチフレーズは、消費者の需要を、消費者の立場に立って徹底的に考え抜いて商品開発を行うという現代の原則的な戦略を象徴している。

需要の創出ということに関して、もっとも印象深いのは、「宅急便」というビジネスを開拓した「ヤマト運輸」の故・小倉昌男会長の言葉だった。ＮＨＫの「失われた一〇年を問う」という特番で、わたしは幸運にも小倉氏と対談する機会を得たのだった。今から考えると、生前の小倉氏にお会いできたのは、本当に幸運だった。対談の最後のほうで、「宅急便は、巨大な需要を創出しましたね」とわたしが言ったとき、小倉氏は、「いや、需要を作り出すのはお客様です。わたしどもはそのお手伝いをするだけです」と応じられた。もう一五年ほど前だが、正直に言って、そのときは、謙虚な人だなと思っただけで、真意がわからなかった。

考えてみると当然のことなのだが、客、つまり消費者が存在しなければ「需要」も存在しない。商品を提供する側が、「需要を創出する」などと言うのは明らかに傲慢で、そんな態度では、需要に対応できるわけがない。要は、「需要の創出」「潜在化された需要を開拓する」というような文言はおそらくメディアが勝手に作り出したもので、誤解を恐れずに言えば、消費者を最初から見下している。徹底して消費者の側に立つというのは、実際に「一人の消費者として」商品を開発するということで、わたしはそのことを故・小倉昌男氏に教えられた。

核となる質問は、小倉氏の言葉に関するものだった。

「サービスが先、利益は後。それでも利益は確実に出るのか」

【想定質問メモ】　ヤマトホールディングス　瀬戸薫氏

瀬戸氏は、名著中の名著『経営学』（日経BP社）を書かれた宅急便の創始者小倉昌男氏の正統な継承者。宅急便が誕生し、発展してきた歴史と、その教訓と経験、それにネットワークを活かした現状は、まさに経営の教科書。

●「現場主義」。セールスドライバー（SD）という名が象徴的。ただの配送人ではなく多機能をこなす。

●SDのアイデアで「クール宅急便」「スキー宅急便」「ゴルフ宅急便」「時間帯お届け」などが。ただ、今考えると当たり前のことのように思えるが、それがどうして画期的だったのか。他の企業はどうして「現場主義」を唱えながら、できないのか。

●今は、翌日配達、均一料金の宅配便はごく普通の風景。だがそれが誕生するときの困難とダイナミズムを番組中でどう伝えられるか。

●（小倉氏と）銀座でお会いしたときに、「スワンベーカリー」（※）をうれしそうに紹介された。

※ヤマト福祉財団理事長に就任した小倉氏が、障がい者の雇用、自立支援を目的に設立したパンの製造販売などを行うフランチャイズチェーン。一九九八年、銀座に一号店が開店した。

●(小倉氏の)『経営学』(日経BP社)を読んで、そのときNHKで作っていた「失われた一〇年を問う」という、バブル崩壊と銀行の不良債権問題がテーマの番組で、宅急便とはほとんど関係なかったけど、とにかくお会いしたくて、ゲストで出ていただいた。

●『経営学』を読み返したが、今読んでも非常にリアリティがあり面白い。

●まず、個人の一個口の荷物を配送するというビジネスが出発点。

●小口貨物のほうが儲かる。

●物流の構成要素:「輸送」「保管」「荷役」「包装」「加工」「情報」

●「吉野家」にメニューの絞り込みを学ぶ。→個人宅配事業=郵便局の牙城。

●「商業貨物=一升枡を持って工場に行き豆をいっぱいに盛りマスごと運ぶようなもの。個人宅配の荷物輸送は一面にぶちまけてある豆を一粒一粒拾うことから仕事が始まる。拾わない限り仕事は始まらない。→取次店の設置。酒屋、米屋など。

(上記、スタジオで実演する?)

◎小口貨物に絞る。

◎ネットワークの構築。
◎現場主義。
◎翌日配送・同一料金・客の立場ですべてを考える。
◎サービスが先、利益が後。
◎官僚との戦い。

●ハブ&スポークネットワーク。ベースは各都道府県に一カ所。センターはいくつあればいい？

●全国の人が住んでいる地域の二〇万分の一の地図を集め、半径二〇キロで円を描く。集配車は平均時速四〇キロで走れるから、集荷依頼があったときに三〇分で着く距離は二〇キロと考えた。その円の数が必要なセンターの数。しかし、それは大変な作業で、仮説が間違っていた。

●郵便局はどうだろう。五〇〇〇個（当時）ある。だが郵便局は小包だけを扱っているわけではない。だからこだわらない。次に公立中学校。約一万一二五〇（当時）。歩いて通うので参考にならない。

●そして警察署に。地域の治安を維持するために必要な警察署は一二〇〇（当時）。このくらいで間に合うのでは。センターの目標は全国の警察署の数に。

●ネットワーク事業の採算分岐。ネットワーク構築にコストがかかるが、利用度が増えれば、損益分岐を超えて利益が出るはず。これは（アマゾンなど）ネットビジネスと同じ。
●集配車両単位の損益分岐。NYの十字路に四台のUPS（United Parcel Service）の集配車が停まっていた。地区内での集配車を増やせば、扱える荷物も増える。
●役員全員反対：社長がそんなにしつこく言うなら本気で考えてみようか。↑組合の幹部。現場主義の最初？
●運輸省（現国交省）との戦い。トラック運送事業・道路運送法。貨物輸送を旅客輸送と同じように。不特定多数の荷主の貨物を運ぶ路線トラックは路線バスと同じように規制。利用する道路ごとに路線免許が必要。
（一）路線トラックの免許がある国道沿線は広い集配圏。
（二）区域免許のある府県は、区域積み合わせの許可を活用。
（三）免許のない区域は、幹線は連絡運輸を利用し、集配は軽自動車運送で。
●全員経営の精神は企業文化。
●SDは正社員。経理や荷物の仕分けなど後方部隊は準社員、契約社員を。全社を通じて女性の比率を高く。

●（瀬戸氏は）学生時代は卓球部。今はマラソン。
●学生時代のアルバイトで一番やりがいがあったのは百貨店の配送。ものすごくアルバイトをやられたそうだが（学生運動で学校がロックアウト）、得たものはあったか。
●宅急便のワーキンググループに最年少メンバーとして参加。当初十数名だったが最後には数名に。なぜ減ったのか（素人だけが残った。小倉氏の考えが画期的だったから）。
●クール宅急便の誕生秘話：なぜ冷凍車は採算が取れないか。
●過大投資？ orコールドチェーンの未整備？ 価格設定：一気に攻め込んでシェアを取ってしまう。「社内にも社外にも冷蔵、冷凍設備を作る業者にも言うな」。じゃあどうやって作るんだ？
●労務課長時代にアシストシステムを構築。
●小倉氏が繰り返した「サービスが先、利益は後」。↑要は密度化。安全第一、営業第二。
●瀬戸氏は人事出身なので、人の力を一〇〇％発揮させるにはどうしたらいいかを考えた。

●（宅急便を開始するまでは）荷主の輸送担当者にアゴで使われていたのが、家庭の主婦から「ありがとう」「ご苦労さま」という言葉をかけられるようになった。感謝の言葉を聞いて、ドライバーは感動した。
●「ヤマトのSDはどういう教育を？」「お客様が社員を育てている」。お客様の前ではいい人に。
●第一変革期：一九二九年　トラックの貸し切り事業から路線事業に。
●第二変革期：一九七六年　宅急便。
●第三変革期：現在　市場は小さくていいからオンリーワンの商品で徹底的にシェアを高めて利益率を高くする。物流で培った人・拠点・情報などのネットワークを活用。
●ただし、構築されたネットワーク（一七万人の社員・五万人のSD、四万五〇〇〇台のトラック・全国四〇〇〇カ所の営業拠点・IT&FT）。経費がかかり、新ビジネスに利益がなければ巨大なロスが出る。
●ヤマト包装技術研究所
●クロネコメンバーズ・まごころ宅急便・TSS（today shopping service）・電子マネー決済・アジア進出など、今後のビジネス展開は、宅急便の黎明期に比べるとダイナミズムに欠けるのでは?

●過疎地域の高齢者の安否確認:ビジネスモデルになり得るか。行政との連携。

●小倉氏:企業というものが何のためにあるのかといったら、やはり有用な財を生産したり、有用なサービスを提供したりするから存在価値があるのだと思うのです。有用というのは何かといえば、それは国民にとっての便利だとか、必要だということに尽きるでしょう。本当に国民にとって必要なことをやっていれば、利用者が助けてくれるというか、「なくなっては困るよ」という話になる。

●これ以上便利になる必要性があるのだろうか。

●精鋭を少数集めるのではなく、少数にすれば精鋭になる。

●全体としての規模は日本一だが、中核となる事業の単位は小さい。五〇〇〇あるセンター(約八人規模)の長。小さなグループ制。現代の優れた組織論。

●小倉昌男:経営者一〇の条件。

一　論理的思考:情緒的に考える人は経営者には向かない

二　時代の風を読む

三　戦略的思考

四　攻めの経営
五　行政に頼らぬ自立の精神
六　政治家に頼るな、自助努力あるのみ
七　マスコミとの良い関係
八　明るい性格
九　身銭を切ること
一〇　高い倫理観

●小倉昌男氏との対談：「宅急便は巨大な需要を生みましたね」「需要を作り出すのはお客様です。わたしどもは、そのお手伝いをするだけです」
●宅急便誕生と村上龍デビューは同じ七六年。基本的には単なる偶然だが、「高度成長（戦後文学）の終焉」と考えると共通点がある。
●一つだけ客のニーズを知る方法がある。クレームだ。

【実際の収録からの抜粋】

「核となる質問」と瀬戸氏の答え 1

村上　宅急便は、何年間かは多分利益が出ないだろうという予想があったんですよね。

瀬戸　そうですね。

村上　でもネットワークができていけば損益分岐点を超える、と。そういう発想って、当時、他でなかなかないですよね。

瀬戸　当時の我々の感覚だと、そういう計算はなかなかできないですよね。まず小倉はそういう計算が得意だったというのが一つ。もう一つは、我々は百貨店の荷物を配送していたのですが、ご存じのように、百貨店の荷物は七月と一二月がピークで増えて、平月は少ないんですよ。百貨店をやっているうちの店は平月はみんな赤字なんです。で、七月と一二月になって儲かる。なぜ儲かるんだというと、荷物が集まって密度化すると。要は単位面積あたりに配達する量がすごく増えてくると儲かるということを経験的に知っていたのです。個人をやっても、ある一定以上の荷物が集まってくれれば、必ず採算に乗る、そう小倉は考えていたんです。では、どうやったら集まるか。まず良いサービスをしなくちゃいけない。それから宣伝もしなくちゃいけない。当時、我々は宣伝なんかしたこともないわけです。サービスを良くしようなんてことも、あまり考えたことがなかったけれど、この二つで、荷物を急速に伸ばそうとしたんです。

「核となる質問」と瀬戸氏の答え2

村上　クール宅急便の誕生のエピソードが印象に残っているんですけど、冷蔵に加えて冷凍の温度帯を設定すると採算が取れないということで、小倉さんとちょっと意見が食い違ったという話がありましたね。

瀬戸　そうですね。当時、クール宅急便というのは冷やして届ければいいのか、やはりおいしい状態を保って届けたらいいのかで、ちょっと意見が分かれ、最終的には一番おいしい状態で届けるのが良いだろう、と。そうすると品物によって適温がありますから、野菜とか果物類だったら5℃ぐらい、それから肉とか刺身を生で食べるときには0℃くらい、それから長期保存しているものはマイナス18℃以下の冷凍。その三温度くらいでやろうというのは、ほぼ決まったんです。ところが冷凍をやろうとすると、全部のクール設備を冷凍仕様にしなくちゃいけないんです。そうすると莫大な設備投資がかかるんですよ。それで上司などと考えて、これをやったらうちの会社は潰れちゃうぞ、と。当時はまだ冷凍というのはそんなに動いてなかったんです。

村上　冷凍食品は、たくさんなかったわけですね。

瀬戸　なかったわけですよ。だから冷凍食品があまり普及していないというデータを出して、小倉さんにはあきらめてもらおう、と。当然私が説明するのですが、そうしたら、「瀬戸君ね、君たちのような考え方もあるかもしれないけど、ちょっと裏から見ると、そういう冷凍食品を配るサプライチェーンがないから、冷凍食品を置いてないんだよ。僕はそう思うんだよ。だからうちがやったら、みんな置いてくれるよ」と説得されました。

「核となる質問」と瀬戸氏の答え 3

村上　小倉さんがおっしゃったことにはいろいろな蘊蓄《うんちく》があるのですが、「サービスが先、利益が後」

というのも、僕は新鮮でした。

瀬戸　これは新鮮でしたね。私なんかは宅急便を作り上げて、すぐ現場に出て行って宅急便の開拓をしていたんです。すると年に一回とか二回は小倉さんが来て、いろいろ話をしてくれるんですけども、利益のことは一言も言わなかったですね。常にサービスが先。サービス第一、サービス第一。利益は後から付いてくる……そこまでも言わないんですよね。もう現場には一言、「サービス第一！」、それだけでした。

「時系列と空間軸の変化」に注目した質問と瀬戸氏の答え

村上　いわゆる全員経営というのもヤマトホールディングスの重要なＤＮＡですけれども、これはどういうことなんでしょう。

瀬戸　たとえばセールスドライバーは、外に出て行ったら一人なんです。良いサービスをしようが、悪いサービスをしていようが、わからない。ここでちゃんとしたサービスをしてもらうためには、やはり全員が経営者的な見方をする必要がある。そのためには「あなたは自分のエリアに入ったら会社の代表である」という意識づけを徹底的にやらなくてはいけないんです。良いサービスのマニュアルは作らないけど、あなたが一番良いと思ったサービスをしなさい、と。全員経営では自主的、自立的にやるということも大事です。所長から言われたことをハイハイと受けるのではなくて、みんなで決めて、みんなでやるというのが全員経営の趣旨なんです。そのためには人数を少なくしないと意思が統一できない。小グループ化して、少数精鋭でやろうという労務管理の方法を取っていきました。

村上　少数精鋭というと、精鋭を少数集めるという感じがします。でも瀬戸さんのおっしゃっている少数精鋭はちょっと違うんですよね。

瀬戸　うちの場合の少数精鋭は、少数になると精鋭になる。本当にそうなんですよ。少数になると自分一人でも頑張れば、それが数字に表れるし、自分がサボると悪くなる。少人数にするとみんなが責任感を持つようになり、意思統一がすごく早くなるから、一丸となって進めることができるんです。

核となる質問

アマゾンCEO　ジェフ・ベゾス

「どうして『本』だったのか」

〈会社プロフィール〉

アマゾンの日本進出は二〇〇〇年。もともとは書籍のみの扱いだったが、今では家電、生活雑貨など、ありとあらゆる商品を取り揃え、インターネットの巨大スーパーマーケットに。日本でも多くの人が利用し、一二年の日本の総売り上げは七八億ドルとなった。

アマゾンの創業はわずか一八年前。シアトル郊外の小さなガレージから始まった。創業時、ジェフ・ベゾスはまず世界のどの書店よりも本を揃える戦略でお客をつかんだ。圧倒的な品揃えこそベゾスが掲げる顧客主義の本流だ。以後アマゾンは莫大な先行投資をして拡大路線を走り続ける。〇七年に発売した電子書籍端末「Kindle」も市場を席巻。現在アマゾンは世界一〇カ国でビジネスを展開し、その一二年売り上げは六一〇億ドルを超える。

アマゾンのジェフ・ベゾス氏が、自らのファンド、つまりポケットマネーで、名門中の名門『ワシントン・ポスト』紙を買収したことが話題となった。『ワシントン・ポスト』といえば、あのウォーターゲート事件をスクープしたことで知られる。ダスティン・ホフマンとロバート・レッドフォード主演で映画にもなった。買収については、「アマゾンはジャーナリズムとの融合を目指す」というものから、「アマゾンはワシントンの政界に新聞を通じて食い込み一種のロビー活動をする気なのだ」というものまで、さまざまな憶測が流れているようだ。

だが、わたしが実際に会った感触から想像すると、実際はもっとシンプルな動機だったのではないかと思う。きっと、「ワシントン・ポストを買収すれば、またワクワクする挑戦が可能なのではないか」、そう思ったのではないだろうか。収録に現れたベゾス氏は、「猛獣のような経営者」というような前評判とは違っていた。何度となく倒産が噂され、強引に流通網をつくり出し、激しいM&Aを繰り返し、まるで本物のアマゾンのような、「生態系」ともいえる複雑で高度なシステムと商圏を持つ企業を作り上げたわけだが、どこかに、いたずら好きで好奇心あふれる少年のような面影があった。

アマゾンは、一九九五年にシアトルのガレージで、社員四人でスタートし、それが九七年には一二五人になり、二〇〇九年一二月三一日には全世界で二万四三〇〇人、二〇一〇年一二月三一日には三万七〇〇〇人になる。創業まもなく、切実な資金不足に陥り、両親を含め、親族に支援を求める。そのころは、事業が成功する確率は一〇%だと思っていたらしい。だが、ベゾス氏は、決してあきらめないどころか、攻め続ける。その根本には、いかにもアメリカ人らしい、いい意味での楽観主義と、それに加えて、挑戦することが何よりも好きという、少年のような「好奇心」があったのだと思う。

核となる質問は、そんなベゾス氏の本質を浮き上がらせるものをと考えてみた。

「どうして『本』だったのか」

【想定質問メモ】　アマゾン　ジェフ・ベゾス氏

●この倉庫は確かにいろいろな意味ですごいが、アマゾンのすごさのほんの一部。アマゾンは、基本的にIT企業なのに、こんな倉庫を持っているところがすごい。GoogleとFedExを併せたような企業。日本で言えば、楽天とクロネコヤマトを併せたような。

●献本用の本はアマゾンで買った。自分の本を、お金を出して買ったのは初めて。

●わたし自身の話はシンボリック。山の中にある箱根の別荘で執筆するとき、以前は、食料を近くの街のスーパーまで買いに行き、資料の本を編集者に電話やファクスで依頼して送ってもらっていた。アマゾンができて、変わった。箱根の山の別荘まで、居ながらにして食料や、資料の本が届く。ライフスタイルが変わったが、一九九五年にシアトルのガレージで起業したとき、カスタマーの生活をここまで変えてしまうだろうという予測はあったか。

●しかし、アマゾンのビジネスは、ITと物流が交錯し、店舗が丸ごとアマゾンに入ってきたり、Kindleがあり、クラウドもあり、まるでアマゾン川の支流のように、複雑でよくわからない。

●本当に熱帯雨林の生態系のように、アマゾン経済圏が生まれている。
●複雑すぎて、目が眩むが、「ユーザー目線」「顧客の満足」という軸を立てると、すべてがクリアになる気がする。ジェフ・ベゾス氏とアマゾンが、顧客の満足をいかにして、達成してきたのかを明らかにしたい。
●顧客を第一に考えてビジネスをすると、後から利益が付いてくる、とよく言うが、本当か。
●だが、顧客の満足を優先するのは簡単ではない。顧客が何を望んでいるか、そのために何が必要か、どんな人材が必要か、従業員や株主・投資家との利害の対立はないのか。
●睡眠時間は？
●スポーツは好きですか。
●何をしているときがもっとも楽しいですか。
●プリンストン大の学生たちへの言葉。「失敗はイノベーションと発明の本質的な部分」だが、失敗できない挑戦もあるのでは。
●「後悔を最小にするフレームワーク」という意思決定法。もっとも後悔の少ない人生を送るという鉄則。八〇歳になって、独立しないと決断したときのことを振り返ったら、きっと後悔すると判断した。

●インターネットの爆発的な普及により、ビジネスを決意。扱う商品として二〇(CD、DVD、玩具など)ほど並べ、結局「本」を選ぶ。どうして「本」だったのか。

●書籍販売の経験はなかった。このあたり、かなりいい加減な感じがする。

●Amazon.comの特質：ブラウジング。検索。カスタマーレビュー。オンラインコミュニティ。

●もっともアマゾンらしいのは、検索機能と、カスタマーレビュー、カスタマーへのおすすめ作品。誰のアイデアですか。作家は頭にくるときが多いけど、読者が作品を評価するというのは革命的。★一つと★五つが多い作品はインパクトがあるとか、いろいろと判断ができる。

●資金不足で家族に援助を求めたとき、成功する確率は一〇％だと思っていたそうだが、本当か。

●悲観主義者なんですか。それとも楽観的になるときとバランスを考えますか。

●アマゾンは、一九九五年四人でスタートし、九七年には一二五人になり、二〇〇九年一二月三一日には二万四三〇〇人、二〇一〇年一二月三一日には三万七〇〇〇人になる。

●どんな人材を求めたのか。

●ワンクリック特許。

●一九九九年から、欧州進出と本以外の販売。すさまじい企業買収。↑おもだった企業のリストを作ったらどうか。

●企業買収戦略は二〇〇三年のネットバブル崩壊で終わるが、その年に初めて五二億ドルを売り上げ、三五〇〇万ドルの利益を得る。

●二〇〇四年、買収と投資の再開。

●懸命に働き、楽しみ、歴史を作ろう。work hard, have fun, make history.

●急速に大きくなろう。get big fast.

●世界でもっとも顧客中心の会社になろう。to be the world's most customer-centric company.

●顧客への関心、オーナーシップ、行動志向、倹約、厳しい採用基準、革新。customer obsession, ownership, bias for action, frugality, high hiring bar, and innovation.

●社風の象徴：「ドアデスク」(※)

※アマゾン本社などで使用されているドア用の合板木材で作られた簡素なデスク。創業以来語り継がれている倹約の象徴とされる。

●倹約家だと聞きました。どうしてですか。お金が嫌いなわけじゃなくて、もっと大切なものがあると？　それは何ですか。

●インターネットバブルの崩壊：なぜアマゾンはサバイバルできたのか。

●毎週のマネジメントMTGは、四時間のマラソン会議で、重役たちは、新製品、技術、価格戦略、コストコントロール評価などについてプレゼンし、ベゾス氏は、あらゆる角度から見て自分が納得するまで質問する。

●マネジメントMTGをイメージしたい。どんな人たちが参加しますか。マネジャーたちは、どんな部門の専門家ですか。商品開発、システムエンジニアリング、ロジスティクス、人事、グローバル戦略、M&A……。

●ベゾス氏の専門外のこともあるか。質問を重ねて、何を確認したいのか。

●顧客の立場で、質問しているのか。

●経営において、もっとも大切なことは何か。ボーボワールは「女は、女として生まれてくるのではなく、女になるのだ」と言った。経営者も同じで、経営者として生まれてくるのではなく、経営者になるのだろうと思う。何によって、世界でもっともダイナミックで有名な経営者の一人になることができたと思うか。

●アマゾンは、ライフスタイルを変えた。今後は、何を変えたいか。

＊(ここからが肝です)

●だがアマゾンの本質は、顧客満足を最優先、というオーソドックスな一般客相手の小売業であり、そのオーソドキシー（正統性）を維持するために、ITなど、最先端の技術と、経営戦略を駆使しているだけ、ではないかと思える。

●だから、アマゾンに学ぶのは、「ユーザーインターフェースの構築」「積極的なM&A」などではなく、「顧客を満足させる」という「サービス業の基本中の基本」ではないのか。

●ビジネスにおけるよく出る疑問は、「なぜそんなことをやるのか」というもの。いい質問だ。でも「なぜやってはいけないのか」という疑問も、同じくらい正当性がある。

●「アマゾンは、だいたい五年から七年の時間軸で動いている。種を蒔いて育てるのですが、わたしたちは頑固です。ビジョンには頑固ですが、ディテールには柔軟です」
●世界最大の書店。電子書籍の販売が紙本を超えた。
●「短期よりも長期で利益を重視する」という企業風土・歴史はどうやって生まれたのか。
●一九九七年の「株主への手紙」「当社は短期的な利益やウォール街の反応よりも、長期にわたる市場のリーダーシップを考えて投資判断を下す」。
●ロングテールと言われる販売戦略は、最初からアイデアとしてあったのか。
●アマゾンプライム：会員制への挑戦。
●ビル・ゲイツ→スティーブ・ジョブズ→ジェフ・ベゾスと言われているが。
●「赤字が続き利益は当分出ない」と宣言した上での、ナスダック上場。得た資金で、物流インフラを。「リアルの資産に投資するのか」という批判があったが、批判したドットコム企業の多くは淘汰された。
●巨大倉庫建設は、どういった戦略、経営資源配分の優先度によるものか。
●物流などの物理世界のインフラと、ITインフラ。モノと情報のネットワークインフラを整備すれば、利益は必ず上がるという確信は最初からあったのか。
●Googleは情報を売っている。FedExはものを届ける。アマゾンは、その両社を足した存在。

●インターネットバブルの崩壊：なぜアマゾンはサバイバルできたのか。

●ゴールドラッシュとの関係。

●インターネットラッシュ。

●ゴールドラッシュは金がなくなればそれで終わり。

●電気産業の初期のほうが比較対象になるという根拠は？

●電気産業は、電球がメインで、そのために道路を掘り起こし、電線を施設した。

●だが、ネットは、すでに電話線というインフラがあった。

●扇風機、アイロン、電気掃除機、「停止ボタン」がない一九〇八年のハーレー電気洗濯機、のような混沌とした原始的な地点に、インターネットはまだいる。

●取扱商品を増やす水平展開と、ほとんど毎週のようにユーザーインターフェースを細かく改善してＩＴ機能を高めるための垂直展開の両方で進化。

【実際の収録からの抜粋】

「核となる質問」とベゾス氏の答え

小池　インターネットがビジネスになると考えたとき、インターネットで何を売るかと考えると思うのですが、なぜ本を選ばれたんですか。

ベゾス　本はある意味特殊な商品です。本というカテゴリーは、ほかよりもはるかにアイテム数が多いのです。現在、世界中で三〇〇万冊以上の本が印刷されています。この中で、完璧な品揃えの書店を作ることは物理的に不可能です。そこで、初期のアマゾンのビジョンは、すべての印刷物、すべての本、すべての言語の本を販売し、迅速に配送するというものでした。

村上　他にどういう候補があったんですか。

ベゾス　洋服や食品ですね、それからいろいろなカテゴリーを考えていましたが、車の部品なんかもありました。でも村上さんは読書家だと言っていましたが、私も実は本好きなんですよ。それもまた偶然なんです。いろいろな製品を見ながら、ネット上で売るのに一番良いものを探していたわけです。すると物理的に、どんなに大きな書店でも多くて一五万冊程の本しか置けません。アマゾンなら、スペースの制限がありませんから、すべての本を持つことができます。

「核となる質問」から派生した質問とベゾス氏の答え

村上　ただベゾスさんの場合、書籍販売や書籍業界に関する知識はなかったと聞いたのですが？

ベゾス　その通りです。実際、我々は開業のときの資本金の額を上げました。ビジネスをスタートさせるために、ベンチャーの資本金として一〇〇万ドルを集めようと私は六〇人もの人と話をしました。そのとき書籍事業に関して知識を持っていた人には、全員に投資を断られてしまいました。

村上　書籍販売に関する知識は不要だったということですか。

ベゾス　いや、というよりも、我々が素早く学んだということです。でも時として思うのは、未経験者は初心者の心を持っています。初心者の心は、専門家なら絶対にやらないことに挑戦させてくれます。なぜなら、専門家はすべてを知っていて、それが無理だと思えば挑戦すらしませんから。初心者であれば心を開き、困難や不可能と思えることにも挑戦できます。

「時系列と空間軸の変化」に注目した質問とベゾス氏の答え 1

村上　シアトルのガレージでアマゾンを四人で始める前は、金融関係の会社にいたそうですね。非常に難しいチャレンジだったと思うのですが、当時は迷ったりすることもあったのでしょうか。

ベゾス　はい、迷いました。当時の上司には、最終決断をする前に二日間考えろ、と説得されました。それで遠くに行って、どう決断を下したらよいか考えました。考えるうちに気づいたのは、もし挑戦して失敗したなら決して後悔はしないだろうということです。でももし挑戦しなかったら、たとえ八〇歳になっても、きっと後悔するだろうと思ったのです。そこですぐに挑戦するしかないと思いました。

村上　それはベゾスさん特有の考え方ですか。それともアメリカの人は、そういうチャレンジ精神が旺盛なんですか。

ベゾス　そういう考えがどれだけ一般的なのかはわ

かりませんが、私は良いことだと思います。将来を予想してみてください。あなたは八〇歳です。そのとき、生涯で後悔した数は最小限にしたかったと思うでしょう。後悔のいくつかは手数料を惜しんでやらなかったというような類いですが、ほとんどの後悔は怠慢でやらずにおいたことによるものだと思うのです。後悔することになるのは、やるべきことを選択しなかったことや、行わなかったことでしょう。

「時系列と空間軸の変化」に注目した質問とベゾス氏の答え2

村上　その後も赤字が続くなど、大変なこともあったと思うのですが、ベゾスさんにとってはどういうとき、充実感があったり、エキサイティングだったりするのでしょうか。

ベゾス　日々の仕事でもっとも充実感を感じるのは、問題解決のためにチームの人たちとブレインストーミングをするときです。問題や発案があるとき、何かしら解決しなければならないことがあるときは必ずやります。たとえばオプション1とオプション2、二つの選択肢があるとしましょう。そしてあなたはいずれも気に入りません。それならオプション3を探るべきです。そこでみんなとチームを作り、グループでブレインストームして、自分のアイデアを書き出していく。そうすると自分では解決できないような問題も解決できることがあるのです。それが私のお気に入りの場所です。

まとめ「あとがきに代えて」

たとえば、あなたがあるセミナーに参加すると仮定しよう。安くない参加費を払った重要なセミナーである。講師が最後に「何か質問はありませんか」と聞く。あるいは、あなたが、就活で最終面接に残ったと仮定する。人事の担当から、いろいろ聞かれたあと、「当社について、何か質問がありますか」と言われる。いずれの場合も、あなたの質問内容はとても重要で、場合によっては人生を左右するかもしれない。

何よりも、準備が必要だ。セミナーの場合は、講師が言うことをよく聞いてメモを取るだけではなく、できればその講師について、著書があれば読み、ブログがあればそれも読んでおくのが望ましい。最終面接の場合は、その会社について、徹底的に資料を読み込んでおくことが必須となる。

それが前提で、その中から、「核となる質問」を考えてみる。核となる質問は、資料を読み込んでも、相手に対する興味がなければ、なかなか思いつけない。相手への興味は、好奇心から生まれる。好奇心は、誰もが生来持っているものだが、情報に対する飢えがない状態が続くとすり減っていく。勉強・学習にしろ、仕事にしろ、いやいやながら続けていると、人は好奇心を失い、簡単にはリカバリーできない。

好奇心というのは、「疑問」とほぼ同義語である。ものごとを「疑ってみる」ことと重なる。「あれは何だ」「あれはどうして発生したんだ」「あれは発生したあと、どうなり、どういう影響をもたらすのか」という疑問を常に持つこと。他人の言うこと、とくに権威のある人の言うことを鵜呑みにせず、自ら考えてみること。それらを継続することが、好奇心を維持し、質問を考えるための必須事項となる。

最後に、テレビ東京報道局をはじめ、すべての「カンブリア宮殿」のスタッフ、そして小池栄子さんに、感謝の意を表したい。「カンブリア宮殿」という番組がなければ、この本はあり得なかったし、そもそも「質問とは何か」ということを、これほど真剣に考えることもなかった。言うまでもないことだが、「カンブリア宮殿」という番組の、基本構成、軸となるVTR、台本などは、製作スタッフによって準備され、作られる。その中で、わたしの役割は、さまざまな「疑問」を提出することだと思っている。

番組の方向性や、ゲスト企業の捉え方、他企業・他業態との比較などを、「外部からの視点」で考え、スタッフと意見を交わす。その共同作業は、「カンブリア宮殿」が回数を経るごとにスムーズになっているが、わたしも、製作スタッフも、「馴れ合う」ことへの警戒を忘れないようにしている。だから常に刺激的で、しかも楽しい。小説の執筆は孤独な作業なので、余計にそういった思いを持つのかも知れない。実際の収録における「質問」は、基本的にテレビに不慣れなわたしを独特の鋭い勘で助けてくれる小池栄子さんはもちろんのこと、スタジオの現場スタッフ、技術スタッフ、そして編集スタッフなどを含む、「カンブリア宮殿」に関わるすべての人たちによって、支えられ、具体化したものである。

村上龍

「日経スペシャル カンブリア宮殿」スタッフ

メインインタビュアー
村上 龍

サブインタビュアー
小池栄子

統括プロデューサー
飯田謙二／福田裕昭／福田一平／深谷 守
・
平井裕子

プロデューサー
中川尚嗣／清水 昇／和田佳恵／鈴木亨知
根本宏行／高橋貞彦／中居義孝／原村政樹

スタジオ演出
桧山岳彦／和田圭介／滝田 務

ディレクター
小川和暢／小林洋達／江藤正行／徳光崇臣／森 崇王／武田晋助
大河平愛子／松下 元／宮城達也／刈賀雅孝／神田将之

コンセプトデザイン
種田陽平

セットデザイン
上澤 毅／高橋 徹

構成
鍋田郁郎／福住 敬／折戸泰二郎

企画
池上 司／井口高志

企画協力
電通／村上龍事務所／JMM

制作協力
日経映像／プロテックス／トップシーン／桜映画社

協力
日本経済新聞社

製作著作
テレビ東京

日経スペシャル カンブリア宮殿

今から約五億五〇〇〇万年前、
地球生命の歴史上の大変革が起きた「カンブリア紀」。
多様な生物が一斉に地球上に出現した、
未来への進化を担った時代である。
経済の大変革が起きている平成の日本。
「カンブリア紀」に多種の生物が誕生したように、
未来の進化を担う多種多様の人々が現代日本に現れた。
そんな「平成のカンブリア紀」の経済人を迎えたトークライブ番組。
テレビ東京系／木曜午後10時 好評放映中。

本書は書き下ろしです。

日経文芸文庫

カンブリア宮殿《きゅうでん》 村上龍《むらかみりゅう》の質問術《しつもんじゅつ》

2013年10月23日 第1刷発行

著者 村上《むらかみ》 龍《りゅう》

発行者 斎田久夫

発行所 日本経済新聞出版社
東京都千代田区大手町1-3-7 〒100-8066
電話(03)3270-0251(代)
http://www.nikkeibook.com/

ブックデザイン アルビレオ

印刷・製本 錦明印刷

Printed in Japan ISBN978-4-532-28020-8

日経文芸文庫　刊行に際して

長く読み継がれる名作を多くの人にお届けするため、私たちは日経文芸文庫を刊行します。

極上の娯楽と優れた知性、そして世界を変えた偉大なる人物の物語。私たちが考える「文芸」は、小説を中心とする文学はもとより、文化・文明、芸術・芸能・学芸の魅力を広く併せ持つものです。

すべての時代において「文芸」の中心には人間がいて、その人間の営みが感動と勇気を与えてくれます。良質の文芸作品を、激変期を生きる皆様の明日への糧にしていただきたい。そう私たちは切に願っています。

二〇一三年十月

日本経済新聞出版社